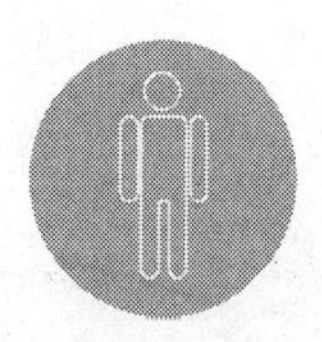

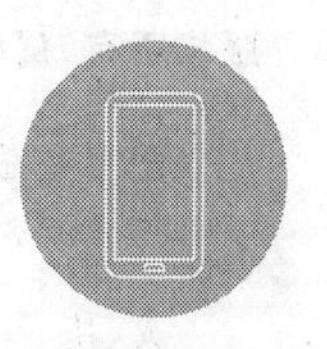

人，机，生活

Human
Machine
&
Life

彭力立 / 编著

清华大学出版社
北京

内容简介

本书是一本有关互联网用户体验设计的书籍，通过介绍场景、心理、设计思维和界面设计表达了"产品设计的重点不是产品，也不是设计，而是人的生活，要让产品设计围绕人的生活而展开"的观点。

本书适用于正在从事及将要从事互联网或移动互联网相关工作的创业者、产品经理、用户研究师、交互设计师、视觉设计师等，也可以作为相关专业人员的参考书。

图书在版编目(CIP)数据

人，机，生活/彭力立编著. —北京：清华大学出版社，2019
ISBN 978-7-302-51719-1

Ⅰ. ①人… Ⅱ. ①彭… Ⅲ. ①人-机系统—系统设计 Ⅳ. ①TP11

中国版本图书馆 CIP 数据核字(2018)第 267472 号

责任编辑：袁勤勇 郭 赛
封面设计：傅瑞学
责任校对：李建庄
责任印制：宋 林

出版发行：清华大学出版社
网 址：http://www.tup.com.cn，http://www.wqbook.com
地 址：北京清华大学学研大厦 A 座 **邮 编**：100084
社 总 机：010-62770175 **邮 购**：010-62786544
投稿与读者服务：010-62776969，c-service@tup.tsinghua.edu.cn
质量反馈：010-62772015，zhiliang@tup.tsinghua.edu.cn

印 刷 者：北京鑫丰华彩印有限公司
装 订 者：三河市溧源装订厂
经 销：全国新华书店
开 本：185mm×260mm **印 张**：11.5 **字 数**：212 千字
版 次：2019 年 4 月第 1 版 **印 次**：2019 年 4 月第 1 次印刷
定 价：45.00 元

产品编号：080199-01

前言

由于本人目前从事酒店预订产品的交互设计工作，所以书中的部分案例和酒店预订有关。本书是有关人、生活、设计的书籍，更多的是关于信息的设计，以及何时、何地、怎样地展示信息。从研究人的生活到研究人，再到通过设计思维解决人与生活的问题，最后落地到展示信息的界面；从人与生活的场景到场景延伸，再到设计，最后从设计拓展到机器界面。

本书分别阐述了场景、心理、研究、设计、思维、生活设计、界面设计、设计探索，理论和实践相结合，每一项内容都通过故事场景勾勒出了活生生的用户，每一个故事都经过了精心设计，具有很强的针对性，力求让读者深刻地领会与用户体验相关的知识和技能，哪怕你是零经验的设计师，通过学习本书，你也能掌握要领，做出优秀的设计。

本书用简洁的语言系统地诠释了将人、生活、媒介和设计相融合是未来最主要的发展趋势，本书不仅仅写了可能会发生的情况，还有如何把人与生活的场景转变到人类能够体验的设计界面中。本书通过用户场景理解用户，用设计思维解决问题，用界面设计落地呈现，最终目的是使问题更容易被控制和解决，并与交互设计产生联系。

彭力立

2018 年 12 月

目 录

第1章　用　　户

当用户打开一个网站时，他有什么样的目标，想解决什么样的问题，甚至用户如何通过这个网站达到特定的目的，这些都可以通过场景描述呈现出来。而这种场景描述就像故事一样，能够告诉你用户打开网站的原因和背景。

1.1　用户满意度＝用户体验－用户期望

若用户对产品的期望很低，哪怕使用过程充满障碍，他还是会与这个过程抗争，并达成最终的目标。若用户对产品的期望很高，但用户体验不好，那么用户的满意度自然就会降低，很容易会放弃、离开 App。

最近半年，朋友圈中有很多人分享了喜茶的照片，并配上了自己的评论，这些评论让我感到疑惑不解，但是不得不说，这是 2017 年最值得思考的事情之一。所以我特别想知道，喝喜茶的都是哪些人。通过场景分析大致可以得出以下三个特征：悠闲、注重口味、喜欢追寻热点。

为何有的商品旁人买得越多，带来的效益就越高，但有些商品，旁人用得越少，带来的效益却越高？我的理解是：两者并不矛盾，因为追求个性和追寻热点或许可以被视为两种心理需求，可以在同一个消费行为中同时出现。因为商品的某些属性可以帮助人们体现和旁人的相似性，另一些属性可以帮助你突显和旁人的不同。例如，喜茶火了，于是你为了不落伍，积极地成了一线城市的新中产，赶紧去尝鲜，这是追寻热点。但是如果你和三个同事一起去买喜茶，他们都买了同一个口味，那么你会不会想尝试一个和他们不一样的口味以体现你的个性呢？如果你是一位互联网设计师，拥有着一颗五彩缤纷的心，身边的所有同事都用 iPhone，你为了不显得出格，也只能一直用 iPhone，这是从众心理。但是当你看到同事的手机壳都是纯黑或纯白时，你特意选了一个蓝色的手机壳，这是追求个性。城市白领的消费行为在多数情况下是通过消费同样价格和品牌的商品以满足从众心理，然后在同品牌、同档次的商品中选择独特的设计、颜色、功能以体现个性，这样才能同时彰显自己的收入水平和审美情趣。

当一个人不知道该做什么的时候，他就会看别人在做什么，然后照着做，人们把这种行为称为社会认同。当一部分人产生了社会认同后，他们会通过分享、传播等渠道产生更多的跟随者，人们把这种现象称为多普洛效应。多普洛效应会引发浏览、评论、分享，会产生成千上万的用户评论。人们可以很轻易地从用户评论中了解喜茶的用户以及他们是怎么看待喜茶这个产品的。

下面通过用户评价分析用户体验和用户期望。用户评价最为直观地反映了用户的声音和想法，从而导致了购买行为。

在看喜茶的用户评价的时候，首先感受到的是人们对喜茶居然有如此强烈的意见，当分析用户评论时，可以发现很多人都喜欢使用“还不错”“很一般”之类的词语，这些词语一次又一次地出现在用户评论中。

例如，从大众点评 App 中选择一部分用户评论，对这些评论进行简单整理之后发现：70%以上的用户评价是五星和一星，三分之一的评论者表示既不喜欢，也不讨厌。为什么会出现这么极端的情况呢？现在已经有很多人在尝试解释这种极端情况，但是我们更愿意相信人们只是喜欢在网络上表达他们的意见。人们渴望被倾听，会通过一星评价或五星评价博取他人的关注。

人们花费那么多的时间难道只为了喝一杯茶？你可能会想：谁会不管日晒雨淋地排队买茶呢？事实上，很多人都会这么做，用户更在乎的是排队、购买、品尝、分享这些过程的发生和结果，他们渴望知道过程中会发生什么。从大众点评 App 中有关喜茶的评论来看，12%的用户在抱怨喜茶的服务。

大众点评 App 中的用户评论如图 1-1 所示。

这是真的。成千上万的用户都给喜茶打出一星评价只是因为其性价比不高，花费时间所带来的期望值偏高，造成体验下降。根据“用户满意度＝用户体验－用户期望”原则可以得出结论：在用户期望上升的情况下，如果用户体验（味道、包装、服务等）得不到提高，就会使用户的满意度降低，导致差评出现。

用户在使用产品时是非常有创造力的，你可能永远不会知道人们是如何使用产品的。刚开始，朋友圈的状态分享都是“文字＋图片”的形式，偶尔也会配上短视频。如图 1-2 所示，人们将 VUE 视为一款用视频记录生活的 App，并可以把拍摄的视频分享到朋友圈，这个 App 的最大特点是可以分场景合并，还可以配上音乐，让视频处在一个被营造出来的情景中。

图 1-1 大众点评 App 中的用户评论

图 1-2 视频 App VUE

其他用户通过在朋友圈浏览 VUE 视频，可能会主动参与互动评论，甚至自己下载尝试，然后分享，并通过使用、浏览、评论、分享等各种各样有意思的方式进行传播。带着这些想法，人们可以设计出更适合这些场景的功能，例如增加一些按钮或者设计出更快捷的操作方式。谁知道呢？创造力可以让人们规划出更多的可能性，从而提高人们的用户体验。

人们很难去创造一个产品，在日常工作时，人们很容易忽略自己是如何影响人们的生活的，定期查看用户评价对产品规划而言很重要。不管这些用户评价是好的还是坏的，用户都是带着目的评论的。对一个产品来说，用户反馈是一个礼物，当然有时候，这个礼物不是人们期待的，但是它仍然是有价值的。用户反馈让我们看到产品正在被人们使用，这些用户评价让人们看到他们是在为每一个真实存在的人做设计，而不仅仅是为了公司的绩效或目标。

同时，用户评价受国家差异的影响较大。例如，国际酒店预订平台 Booking 已有几十种语言版本，但是，除了 UI 界面的语言不同以外，剩下的设计差不多都是一样的。这里的“差不多”表示还是有些不一样的内容的，但这里先忽略这一点。因为 App 在每个国家都是一样的，所以你可能觉得 Booking App 在每个国家的评分都是差不多的，对吧？事实上，Booking App 在每个国家的评分是完全不同的。

Booking 在 2016 年公布的 iOS App 用户评价数据显示，在美国，给五星评价的用户和给一星评价的用户的数量大致相同；但是在日本，给一星评价的用户是给五星评价的用户的两倍；在巴西，给五星评价的用户只比给一星评价的用户多一点。这到底是为什么呢？我猜可能有两个方面的原因：首先是语言翻译的质量，一些语言很难翻译，如果文案翻译让用户很难理解，人们可能会给 App 低分评价；其次是文化差异，调查结果显示，人们在做调查时存在文化差异，而 App 的用户评价也属于调查。

很多年以前，Booking 发起了一项关于 App UI 文案质量的调查，这个调查是全球性的。请猜一下哪种语言得到的评分最低？日语，这也意味着 Booking App 对日语的翻译质量较低，而这很可能是导致 Booking App 在日本评分很低的原因。另一方面，巴西人使用的葡萄牙语是英语的一个分支，那么有没有可能是巴西人喜欢给 App 评高分呢？很可能是这样的，因为 YouTube 巴西团队的调查结果也得出了类似的结论。

Booking 在 2016 年公布的数据显示，Android 用户给 Booking App 的评分比 iOS 用户高。我不知道这是什么原因，因为 Booking 的 iOS 版本和 Android 版本完全没有区别，最大的区别就是使用的媒介不一样，首先了解哪些人会购买 iPhone 手机，哪些人会购买 Android 手机，至少在中国，使用 iPhone 手机的用户对手机的要求更高。从这个角度分析的话，也许 Android 手机用户在整体上更容易满足？也许他们对 App 的预期更低？或者还有其他原因？根据“用户满意度＝用户体验－用户期望”原则可以得出结论：在 Android 用户期望不高的情况下，如果用户体验相同（版本完全相同），那么用户的满意度就会偏高，导致好评出现。

1.2 用户心理模型

假设你从来没有使用手机阅读过书籍，而我递给你一部手机并告诉你可以用它阅读书籍，在你打开手机进行阅读之前，你的头脑里会出现一个在手机上阅读书籍的模型,你会假想书籍在手机屏幕上是怎样的,你可以做什么事情,例如翻页或使用书签,以及这些事情的大致做法。即使你以前从来没有使用过,你也会有一个用手机看书的心理模型。

心理模型的样式和运作方式取决于很多因素。如果你以前用手机阅读过书籍,那么你对于在手机上读书的心理模型就会和没用过甚至没听说过的人的不一样。如果你以前一直在用 Kindle,那么你的心理模型就会和没用过电子书的人的不一样。一旦你用手机读了几本书,那么你头脑里的心理模型就会根据你的体验进行改变和调整。

心理模型指一个人对某个事物的运作方式的思考过程,即一个人对周围世界的理解。心理模型的基础是不完整的现实、过去的经验甚至直觉,它有助于形成人们的动作和行为,影响人们在复杂情况下的关注点,并确定人们着手解决问题的方式。

在设计领域,心理模型是人们脑海中对万物的解析。通常在使用软件或设备之前,人们就非常快速地创建了心理模型。人们的心理模型来自于过去对类似软件或设备的使用经验,也来自于他们对该产品的猜测、间接听闻以及直接使用经验。心理模型是会变化的,人们用心理模型预知系统、软件或其他产品的用途或用法。

要想理解为什么心理模型对设计那么重要,就必须先理解用户界面以及它与心理模型的区别。心理模型是人们脑海中对交互对象的设想模型,而用户界面是通过真实产品的设计和界面传达给用户的现实模型。回到手机阅读的例子,对于在手机上阅读的体验、阅读方式以及相关功能,你会有一个心理模型,但是当你坐下来使用手机阅读时,手机便会向你展示电子书应用的用户界面,真实的界面就是用户界面,即设计师设计出一个界面,并将产品的用户界面展示给用户。

如果有人只阅读实体书,那么他对于在手机上阅读电子书是不可能有准确的心理模型的,怎么办?这样的话,你很清楚他没有准确的心理模型可以匹配,那么你就要改变他的心理模型。有时候,你知道目标用户的心理模型与产品的用户界面不匹配,你可以不改变界面设计,而是改变用户的心理模型以匹配你设计的产品。改变心理模型的方法就是教学,你甚至可以在用户拿到手机之前,提前用简短的教学视频改变他们的心理模型。其实,新产品教学培训的一大目的就是调整用户的心理模型,使之与产品的用户界面相匹配。

当你向他人展示产品的时候,最好不要通过屏幕上的图案或者挂在展板上的示意图进行展示,而是要设身处地地站在用户的角度试想用户在长时间使用产品的过程中所得到的感受,这是一个享受的过程。

用户界面应该基于用户的心理模型，而不是基于现实模型，所以在设计界面的时候需要理解用户的心理模型，心理模型可以帮助设计师了解用户的动机、思考方式、感情和思维。

列举"关注"按钮说明什么是用户的心理模型。一个"关注"按钮的设计主要分为三种状态：未关注时、触发按钮时、关注成功后。这里用两种相反的行为进行分析。第一种行为是当用户未关注时，采用代表"熄灭"的空心按钮设计，当用户移动鼠标到按钮时，即悬浮状态，空心按钮变成动作按钮，颜色改变，使得用户对将要发生的行为有非常好的预期。在用户关注之后，按钮变为强调当前状态的状态按钮，按钮被"点亮"。从"熄灭"到"点亮"，这是符合用户心理模型的设计。第二种行为是在设计"关注"按钮时，为了鼓励用户关注，采用先点亮未关注按钮，在关注后熄灭按钮的设计，当用户想要取消关注时，往往需要二次确认，从"点亮"到"熄灭"，这同样是符合用户心理模型的设计。

心理模型有三个好处：为设计带来信心，为产品指明方向，帮助业务长远发展。首先，心理模型建立于严谨的基础研究，是对用户自身的透彻理解。其次，用户也会喜欢使用你设计的产品，因为这个产品是你按照用户的思考方式和使用习惯而设计的，用户在使用产品的过程中不会有迷茫或困惑的感觉，一切都自然流畅，符合用户在生活中的感情逻辑。构建心理模型需要足够的资源和时间，设计师有时很难直接说服他人认可用户体验的设计方案，如心理模型，但不要放弃，你可以从一个简单的草图开始，把明显的用户习惯列出来并分类，然后做一个自己认可的心理模型。在后续的产品设计过程中，持续使用这个心理模型慢慢地积累自己对用户的认知，慢慢地把自己带入用户的角色思考和使用产品，用阶段性的成果一步一步地影响所有人。

在设计过程中，通过对用户心理模型的研究可以深入挖掘用户真实的需求和目标，以及他们为了达到某个目标会实际尝试的方法，还有他们在完成任务的过程中的认知和思考。由于用户的心理模型出自于用户自身对事物的认知和自身习惯的行为方式，而不是基于设计师提供的设计，所以它的规律是当用户界面越接近用户的心理模型时，用户就会更加容易地掌握和使用产品。准确地了解用户的心理模型可以帮助设计师明白需要为用户提供的价值是什么，并了解如何提供设计可以最自然、最有效地满足用户的需求。

用户心理模型有两种形态，一种是经验前先天构建的，一种是经验后学习构建的。用户心理模型不等于用户心理，它是指用户认知结构的共性，这是决定产品形态的关键。

首先举个例子，如图 1-3 所示。

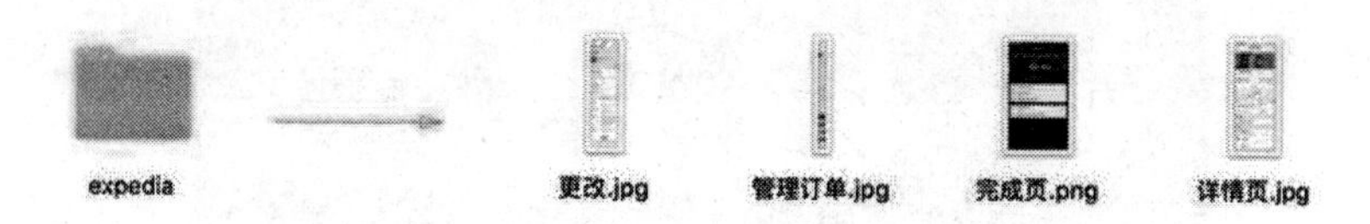

图 1-3 文件夹和文件

图 1-3 中，文件夹和文件的概念其实来自于物理世界中的文件夹和文件，是在隐喻现实对象。文件夹和文件的关系是用户通过学习而构建出来的，不是天生就有的。对于那些从来没有使用过物理文件夹和文件的用户，这一关系则是直接从计算机系统中学习构建的。经过多年的信息技术教育，文件夹和文件的概念已经扎根于大部分用户的意识之中，所以用户的心理模型经过了学习的过程，发生了认知上的改变。

在酒店预订平台上，同样存在这种情况，如图 1-4 所示。

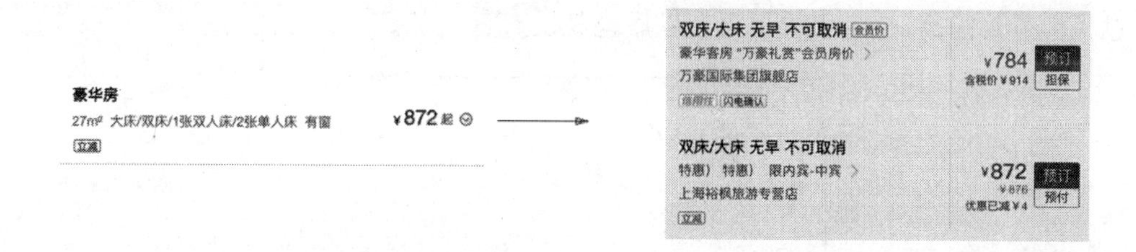

图 1-4 物理房型和售卖房型

对于同一家酒店，当房型来源不同时，为了便于最后结算，会拆分出多个售卖房型。例如，当同一家酒店的部分房型来源于自签，部分房型来源于供应商或者其他分销商时，酒店会根据不同的房型来源拆分出不同的售卖房型，但是会挂在同一个物理房型下面售卖，物理房型本身没有房态信息。图 1-4 中的物理房型和售卖房型其实是基于现实模型设计的。物理房型和售卖房型的关系是用户经过学习而构建出来的，经过多年的用户使用经验学习，物理房型和售卖房型的概念已经被大部分用户所构建，但对于新用户而言，想要理解还是相当困难的。

再举个例子，iOS 系统中的照片 App，如图 1-5 所示。

手机中的照片都保存在一个叫照片的 App 中，虽然这对于现实中没有把照片收集起来的习惯的用户来说是一次被教育的过程，但在多次使用后他们并未觉得有什么不对，因此这个用户心理模型的建立就是成功的。用户的心理模型一旦建立就不要轻易打破。

例如“收藏”按钮，如图 1-6 所示。

图 1-5 iOS 系统中的照片 App

图 1-6 MONO 的“收藏”按钮

对于老一辈人来说，“喜欢”这个红心的样式是很陌生的。对于第一次使用“喜欢”的用户，往往会被给予一个引导页面，如图 1-7 所示，告知用户单击按钮后的结果，这就是在教育用户：你喜欢的东西会集中存放在一起。随着用户的认知在使用过程中得到提高，这个引导页面在以后也就没有意义了。

图 1-7 MONO 的“收藏”功能

在这个过程中，用户虽然不理解“喜欢”按钮这个新的概念，但是却有了“喜欢的东西一定在一个地方存放着”这样的心理模型，这就是设计师所构建的效果。

我们曾经对酒店的筛选页面进行过一次改版，在改版前，我们做了一次前期的用户调研，发现用户在筛选页面对于个性化管理的需求非常高，希望保存曾经筛选过的内容，当再次筛选时，系统能将历史筛选自动置顶。例如某个用户只预订五星级酒店，当他进入筛选页面时，系统应该自动置顶“五星级酒店”选项，以方便用户选择。还有一种方式就是给用户绝对的控制权，让他们随意调整，但这样真的好吗？

带着这个问题，我们把自己代入了筛选页面的使用场景，思考并讨论这两种方案的可行性。最后，我们发现具有绝对控制权的页面的实现难度很大，对于时间宝贵的用户来说，很难做到认真地调整筛选页面的各个细节。用户更希望筛选页面既可以很清晰地展示所有的筛选信息，又可以让他更快地找到自己想要的信息。

了解了用户的心理模型，我们的设计方向就比较明确了，即提供一个信息结构层次分明的页面，视觉效果美观大方，同时置顶用户上次筛选的选项。

再来看看 Booking 是如何设计筛选页面的，如图 1-8 所示。

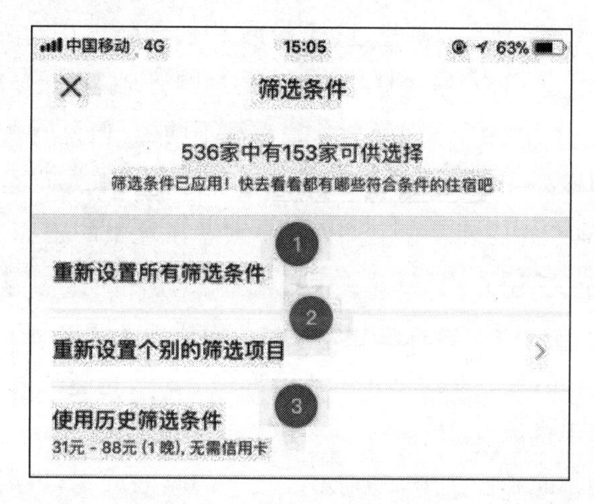

图 1-8　Booking 的筛选页面

在 Booking 的筛选页面中，图 1-8 中的①表示重置上次和这次所选的内容，②表示对③中的内容进行重新设置，而③中是上次筛选的内容，系统将其记录了下来，以方便用户立即使用。

对于第一次使用的用户来说，对这三个操作入口的理解，①还是相对比较容易的，因为几乎所有的同类产品都有重置功能，在用户的心理模型中，经验前先天已经构建了认知，经验后不需要通过学习就能轻松地理解和使用。

对于②和③的关系，用户在认知上容易混淆。首先，同类产品中只有 Booking 做了此功能，属于先行者。在用户的心理模型中，经验前先天没有构建认知，全部需要通过经验后学习构建，这就需要帮助和引导用户，以减少学习成本，构建认知。等到用户的使用经验得到了学习，用户心理模型的建立才算成功。若用户经验后的认知仍然很难构建，用户心理模型的建立就是失败的。

对于用户来说，当他们面对一个产品时，会根据这个产品的市场介绍及用户口碑等方面对这个产品的功能有所想象。当用户面对一个产品界面时，用户会把界面的信息与现实生活中相对应的事物联系起来。而对于设计师来说，用户不是人，而是需求的集合，需求直接影响着可用性，需求是否符合用户的心理模型将直接影响用户体验。

在生活中，违反用户的心理模型会造成非常糟糕的体验。例如用户从网站上购买了一件红色的衣服，而他最终收到的却是一件蓝色的衣服，在大部分情况下，用户不得不退货，要不然只能接受不喜欢的颜色，带来的麻烦使得用户的心情极差。对于第一次在此网站购物的用户来说，他可能再也不会回来了，因为他会认为在这个网站购物总是要退货；而对于经常在此网站购物的用户来说，他可能会觉得这是因为卖家的疏忽所导致的，他可以通过过去的购买经验判断出在购买过程中出错的概率比较低。所以相比新用户，差体验对老用户的影响更小。

在生活中，每一个用户的心理模型几乎都是不同的，但是有着相似行为的用户会拥有相似的心理模型。这就要求设计师在设计之前要确定你是为什么样的人群设计的，然后了解他们的心理模型。例如用户对手机流量的选择，一类用户发现自己因为工作原因或者使用方式，会导致手机流量总是不够用，常常造成手机流量超额的问题，往往这类用户会选择改变包月套餐扩展手机流量。还有一类用户偶尔发现自己会因为在某段时间内长时间玩游戏而造成手机流量超额，这类用户往往会选择购买流量包扩展手机流量。

如果违反了用户的心理模型，轻则增加用户的时间成本，重则降低用户的使用黏性，甚至导致用户奔向竞品。

1.3 用户洞察

被誉为“能够带动销售的设计魔术师”的佐藤可士和曾这样说过：“设计不是一门需要微妙和细腻感觉的艺术，它要创作大多数人能够明白而且能吸引他们的东西。只依靠灵感和创意的设计会有些不平衡，正如你所知道的，每个人都用左脑和右脑控制感觉和逻辑。我想，一个好的设计同时需要美感和严格的风格。以前，我总会满足顾客的要求，结果形成了现在的风格，最初我甚至没有任何自己的风格。”

创意不在设计师的脑子里，而是在客户的产品中。设计师需要做的就是帮助客户把他们的产品中所隐藏的闪光点一点点地整理出来，以最合适的方式呈现在消费者面前。产品并非是设计师凭空创造出来的，而是将原本存在于产品的核心价值从对方的思绪里引导出来的。

被誉为“现代管理学之父”的彼得·德鲁克曾说过：“赢得竞争就要着眼于客户，

企业的唯一目的就是创造顾客。对企业来说，赚钱其实是一个副业，是创造出顾客以后自然而然的结果。企业认为自己的产品是什么并不重要，这对于企业的前途和成功更不重要，顾客认为他购买的是什么、他心中的价值何在却具有决定性的影响。"

企业成功的起点不是商业模式，而是机遇和需求，要满足用户的需求和愿望，才是一家成功企业的商业模式的源头。我们要充分观察客户，发现其模糊和潜在的需求，任何未满足的需求和服务的不足都是新业务起步的基础。

在设计产品界面之前，有效地洞察用户的需求是通过设计为产品带来成功的关键。无数调研发现，以顾客为中心和企业收益增长是强正相关的。收益增长的企业往往有三个特征：首先，它会在任何一个客户接触点给用户提供一致、有意义的体验；其次，它能满足用户不断变化的需求；最后这个企业的团队永远把洞察用户作为企业未来生命线的增长引擎。这三个特征都和顾客相关。

用户的快速增长离不开好的产品需求，因为好的产品需求可以满足目标用户群。好的产品需求来源得益于用户社区中的反馈，当大量的用户反馈置于产品经理和设计师的面前时，产品经理或设计师可以通过用户反馈洞察用户的需求，为产品的快速迭代创造巨大价值。

在设计酒店填写页面之前，我们收到了不少关于在网上预订酒店是否一定要填写所有入住人姓名的用户反馈。于是，我们首先发起了一个关于"添加入住人"功能的必要性，在网上接受用户反馈，制作市场调研表。然后派出工作人员，调查一些地区的实际入住情况，例如我们的"添加入住人"功能主要针对日本部分酒店要求入住几个人就必须填写几个人的姓名的问题，询问酒店为什么要这么做，充分收集调研结果。同时通过数据进行分析，得出一定时期内不能入住占成功入住的比例，在提炼的数据中发现，不能正常入住的占比只有0.6%。通过分析调查结果将问题重点放在了日本市场的部分酒店上，并基于洞察明确了日本部分酒店不能正常入住是因为酒店想更好地服务于客户，包括安全问题，只要能够出示入住人的身份证件就能顺利入住。最终，"添加入住人"功能被我们删除了。

通过这次设计改版的推动项目可以看到，大量基于用户生活的洞察和对企业运营的洞察功不可没。洞察用户的方法很多，主要包括以下六点。

1. 细分市场

说起细分市场，人们常会用年龄、收入等进行描述。真正的细分市场不是按收入、地区、婚否、家庭、年龄等人口统计学特征划分的，它指有着相似需求和利益的一群人。还有人按照产品进行细分，即精品商店或普通商店，这也不是细分市场的正确划分方法。总之，不考虑用户需求是最大的错误。细分市场由特征顾客组成，而非产品和服务，只有把需求说清楚了，才有资格继续讨论有相似需求的这群人的年龄、收入、婚否等特点。

如果你的目标客户是白领，100个顾客中有67个白领和33个非白领，这就代表卖给白领了吗？最后只有一条不归路——低价、天天搞促销。但是如果你把这67个白领划分为五类人，情况就不同了。第一类是具有高品牌忠诚度的人，有些白领天生就喜欢买国际大品牌，无论如何都不买国内品牌；第二类人对价格很敏感，不管什么品牌，只要超过500元（并非特指500元，而是指消费者的心理承受价格）就不买，无论质量、服务有多好；第三类是质量追求者，他们不关注品牌，但关注面料、款式；第四类是服务追求者，例如虽然海底捞不一定好吃，但它的服务到位；第五类是追求方便的人，例如通过网购直接送货到家。

这67个白领是一类人还是五类人？传统思维认为是一类人，现在的思维是将其视为五类人，要用不同方法对待。客户不同，产品、营销、渠道甚至团队就都会不一样。只要客户不确定，就什么都确定不下来，做什么都会有偏差。

如何进行市场细分呢？主要有以下四个标准。

① 人口、社会、经济收入。如果你问企业家其目标用户是谁，他们往往会说用户是25～35岁、收入在1万元左右的白领；这种说法的缺点是你无法判断用户会不会买，拥有这种描述的目标人群和其未来的购买行为没有关系，但优点是比较容易量化。

② 行为消费标准。买什么、什么时候买、什么场合用、每次买的数量、购买的方式、为谁买、定期买还是偶尔买等，这些称为行为标准。最近很火热的场景营销就是这个领域的要点。

③ 产品品牌动机。品牌动机往往是类别、价格、款式、种类，即用户购买产品的背后动机。

④ 生活方式和文化潮流。用户的生活方式决定了用户的购买动机，例如你是一个追求自由、有独立见解的人，那么你购物的决定因素可能就不是品牌知名度，而是品牌的个性化程度。很多品牌宣传的自我优势还停留在产品功能层面，如质量、款式等，但这些因素很难产生差异化，因为其容易复制，能够真正深入人心的品牌都重新塑造了生活方式。

此外还要考虑一个问题，你要抓小池塘里的大鱼，还是要抓大池塘里的小鱼？小池塘里的鱼往往是同一种，你用同一种鱼饵就能抓住；大池塘里的鱼虽然很多，但是捕抓难度非常高，你的鱼钩、时间、对象、鱼饵都是不一样的。例如，“卖给白领”就是到一个"大池塘"里"钓"各种不同的白领，这样做容易还是卖给某一类特定的白领容易呢？做生意应该选择哪一种呢？这个需要好好思考。

2. 去平均化

即使购买同类产品，客户也会有不同的需求，所以对用户要去平均化。满足所有客户的产品往往是在浪费资源，需要围绕不同的细分客户推出和他的需求相匹配的产品和服务。

美国的波士顿交响乐团是一个经典案例，他们的音乐厅美轮美奂，演奏技巧精湛，音乐令人陶醉，但他们碰到的最大问题是：很多人来了一次之后就再也不会来了，怎么办？

波士顿交响乐团对听众进行了分类，也就是去平均化。通过数据分析他们发现听众是不同的：例如有一类是核心听众，他们经常来，占总人数的 26%，但贡献了总收入的 56%，5 年内平均每人贡献 5000 美元；再有一类是尝试听众，他们只听过一次，占总人数的 37%，但贡献只占 11%，这类人群人数最多，流失最大；还有其他类别，例如一年来两三次的，还有的人出席过很多次，但为了保护个人隐私并没有注册个人信息，等等。

有了数据分析，针对主要矛盾，即只来过一次的"尝试听众"，波士顿交响乐团做了大量的调研，结果发现：绝大部分人不再来不是因为听不懂，不是因为演奏家水平不高，不是因为品牌没有声望，不是因为环境不好，而是因为从郊区过来的他们无法停车。于是乐团提出了解决方法：找附近的停车场合作，让听众可以顺利停车。基于测试组（停车新政策）和对照组（没有改变）的实验数据，测试组的收入提高了 5 倍。

后来，这个乐团还做了另外一些事情，比如他们发现古典音乐的受众平均年龄接近 60 岁，家庭数量很少，他们希望降低听众的平均年龄，增加家庭，重点吸引 40 岁以下的人。为了实现这个目的，他们做了许多尝试，例如：提供适合家庭的围坐座位；举办主打短乐曲的儿童日常音乐会；针对高中生、大学生提供特殊票价的定制服务；给 40 岁以下的听众提供折扣票；将年轻人优先安排在前排……最后，注册家庭的数量从 16000 增加到 45000，平均年龄从 58 岁降到 48 岁，收入提高了 9 倍。

不过个人建议，做这种市场活动最好每次只改变一个变量，稳妥一点，不能同时改变这么多。例如这个季度做儿童活动，下个季度做老人活动，最好不要同时针对不同人群开展不同活动。

3. 不要忽视早期客户

在《跨越鸿沟》这本经典书中，作者将用户划分了几个类型：5%是尝鲜者，他们偏爱创新的概念，对产品的质量、服务甚至价格都不太关心，只追求酷和新鲜；10%是早期使用者，比如买苹果手机的人，从第1代开始买的是尝鲜者，从第3代开始买的就可以算是早期使用者；大部分是主流人群，又可以分为两种，一是早期大众，二是晚期大众，他们对产品的性能、质量、服务的要求比较高；最后一种是落后者，他们在产品进入衰退期时才开始使用。

4. 减少用户麻烦

《需求》这本书中有一个案例，讲的是美国加利福尼亚州的一家医疗机构名叫Caremore，它在挖掘客户痛点方面做得非常好。例如，他们发现三分之一的老年患者没有按照预约的时间前来看病，分析原因发现40%的老年人由于独自生活，不能开车，只能打急救电话；再如，他们发现糖尿病患者的截肢率高，很多是由小伤口引发的，但医院没有专门的门诊处理小伤口。这家医院的创始人从行业服务的不足入手，对用户痛点和其背后的原因进行洞察，最后做了很多竞争对手不愿意做的事情。例如，他们免费开车接送老人到医院看病，专门开设门诊部处理小伤口。表面上好像增加了成本，但其实增加了营收。

由于解决了竞争对手不愿意解决的问题，Caremore的患者推荐率是80%，总体医患成本比行业低18%，住院率比行业低24%，平均住院时间比其他医院低28%，结果是它比其他医院都赚钱，其创始人说的话值得每个创业者深思："我们要减少用户的麻烦，而非减少成本，如果我们能把人的重要性放在盈利前面，我们就能盈利。"

伟大的公司都是痛点解决者，成功的钥匙是以用户痛点为核心的，而不是产品和服务。应该问用户3个问题：为什么需要这个产品，为什么要购买你的产品，为什么现在就需要购买。

用户买你的东西，你先不要直接卖你的产品，更不要先说打折、推销，你应该先问他对这个产品的需求是什么，为什么需要一辆车，为什么需要一个手机，而不是先说你的手机多么好，说现在可以打折。只有站在用户需求的角度才会忘记自己，真正站在用户需求的高度对产品服务实施差异化的创新。

5. 客户生命周期

客户生命周期也是客户细分中的一个新的思考维度，同一个客户如果按照生命周期划分，可以分为将信将疑、潜在、新顾客、回头客、主流客、休眠、流失客7种，应该围绕客户不同的生命周期实施不同的个性化产品服务。

无论是做客户关系、做产品、做定价还是做品牌，如果理论脱离了客户生命周期，就都是没法进行的。例如客户关系，对新客户来说，也许只是建一个档案；但对于老客户来说，你就应该做数据建模和数据清理，因为他很可能用过不同的邮箱和地址，但其实是同一个人。

再如，围绕客户生命周期要选择不同的促销方式。对于新客户，向他推荐一大堆产品是没有用的，他只想买一个产品试试看，这时候用合适的产品引流就可以了，可能要便宜一点；对于老客户，要给他推荐关联商品；对于流失客户，不要推荐引流产品和关联产品，因为他的流失是因为你没有新产品了。

6. 借助数据

很多品牌不关心数据，而是凭经验和直觉做决策，无论是大数据还是小数据，都可以帮助我们更好地洞察用户。

最后，真正严谨、科学的用户洞察方法是什么呢？首先要问问题，即品牌的困惑是什么。然后要做行业背景研究，你可以先建立一个假设。例如，假设现在上新能够解决品牌转化率不高的问题。然后要做实验验证假设，构建流程，比如做问卷调查等。有了正确的流程后，再做数据分析，形成结论，如果验证结果和假设不一致，就应该放弃假设，这意味着这件事情不能做，不能“拍脑袋”。

什么是好的老师和专家？一定是当他告诉你某件事情的同时，也告诉你限制条件是什么。例如，某个结论在服装行业被发现，不代表化妆品行业也可以用，或者某个结论仅仅在样本数为300的时候可以得出，不代表在样本数为3000时也能得出一样的结论。这才是严谨、科学、负责任的专家。

1.4　用户情境

在美术馆里，为了避免打扰其他观众，用户需要把手机调成静音。这种情况下，如果用户依然想使用手机，但又不想被出乎意料的声音吓到，如铃声或新消息提醒音。对于某些刻意设定的声音，当用户触发它时，Ring /Silent 的设置不能关闭它。例如，在媒体播放器中播放视频不会静音，因为播放是由用户主动请求的；闹钟不会静音，因为它是被用户明确设定为有声的；语言学习软件中的声音片段不会静音，因为用户有明确的欲望想听到它；语音聊天程序中的对话不会静音，因为用户打开它就是为了听的。以上就是所谓的用户情境，情境是内容，场景是舞台，人是演员。

上海喜马拉雅艺术中心曾举办过一次敦煌艺术展，如图1-9所示。敦煌壁画原模原样的画面复制品被搬到了美术馆，观众陆续排队购票进场参观，纷纷举起手机拍照，拍照发布后又被社交网络广泛转发传播。

图 1-9 敦煌艺术展

谈到“场景-情境”，这个“疯狂”的参观行为具有启发性。现实生活中的风景出现在当代艺术馆中并获得了关注。从这个案例可以看出特定情境如何为人或物赋予意义，这就是“场景-情境”的力量。

场景是影视剧的表演时空，是小说、戏剧中人物的舞台。萨特相信，人类首先是情境中的生物，因为情境塑造了我们，决定了我们未来的诸多可能性，我们便不可能独立于它而存在。在社会学领域，“场域”是具有特殊意义的范围。梅罗维茨的媒介情境论的核心观点是：每种独特的行为都依赖一种独特的情境，而电子媒介促成了许多旧情境的合并。

如果生活是一场大型表演，那么人们便在“场景-情境”中获得了身份和角色准则。场景与情境是彼此联通的，又是相对独立的小世界。在生活中我们可以看见这样的场景：为什么“深夜食堂”能让男女老幼倾诉心声？因为在安宁、狭窄、流动、舒适的氛围中，在这样的庇护所中，“夜归人”产生了倾诉的愿望。为什么在学校的篝火晚会上常常能告白成功？因为黑暗中的篝火孕育了浪漫的需求，节庆的感觉会加剧人们的孤独感，因此推动了“在一起”的可能性需求。

看得见的场景通常由空间、人、视觉、听觉、规则等组成。请各位想象以下特定场景的规则与氛围。万人英语大会：大声说出来，让英语成为一种信仰；迪斯科舞厅：在律动中释放自我、狂野变身；艺术品拍卖会：气氛热烈，看起来都是专家，不过不知道藏着多少个“托儿”；古镇中的纪念品一条街：不知不觉买了很多东西，也许回家都不会多看一眼；崔健的演唱会：当年的“反叛之声”成了一代人的集体怀旧合唱。

“现场”的意义在于“现”与“场”。“现”是时间，即当时、当刻。“场”意味着空间，即领域和地点。在现实中营造“场景-情景”就是“造境”，包含空间、灯光、声音、色彩，还包含人的行为规则与主题。情境喜剧中的共用环境（公寓、咖啡店、办公室等）如同戏剧实验室，引发冲突。而旅游的本质也是用改变场景（时空）的方式调动人的感官好奇心。场景中的用户与情境互动，孕育并改变着需求。

微博、知乎、豆瓣、贴吧、微信、天涯等社交平台中的用户行为和反馈完全不同。想象一下，同样的图文在不同场景中的命运完全不同。百度贴吧“李毅吧”的注册人数超过了 2500 万，其具有代表性的群体恶搞、吐槽使之成为重要的数字“恶搞”文化输出平台。快手 App 呈现了更加日常化的中国图景，在这里可以看到操练螳螂拳的青年、炒辣椒的少女、在非洲修铁路的工人、动物园饲养员、乡村跳舞队……出现了竞赛一般的场景效应。在网易云音乐 App 的音乐评论区，吐槽现象越来越少，反而出现了大量情感回忆与感情诉说，这也是社群情境所带来的规则效应。

媒介就是场域，就是情境。不同的场域有不同的共谋，在不断的交互之中形成了所谓的媒介文化，这是场景的生态学。用户根据趣味和功能选择了社群-场景，反过来，社群的氛围、构造、规则定义了用户。

庙宇为物品开光，当代艺术馆为展品开光，高级商场为鞋子、衣服开光。离开了场景，鞋或艺术品都不如摆在橱窗里的“好看”。“好看”的价值感是特定“场景-情境”下的心理效应。年末的各种节日粉墨登场，无论是万圣节还是圣诞节，在中国都孕育了很大的消费潜力。每个节日都是舞台，都创造了场景。场景化的商品相互配套，第一次购买就启动了新的场景，西服启动了衬衫和领带，指甲启动了眼影，身体就是场景，附着幻想的消费品，也是建立情境的魔力物。

百事可乐的典型场景是年轻人的聚会，如图 1-10 所示。

图 1-10　百事可乐广告

可口可乐在中国的典型场景是回家过年，如图 1-11 所示。

图 1-11　可口可乐广告

消费文化不仅生产商品，还生产消费者。购物既想象了需求，又能够快速反馈，满足需求。从大处而论，文化是场景，它需要把一切内化，把不协调的部分整合。国家、城市是一个场景，因文化场景而产生了内部规则。

911 事件发生之后，面对惊恐的美国民众，美国总统布什说："回去购物吧"。购物果然更能带来安全感。作为世界闻名的数字化消费场景，"双十一"制造了无数的购买需求。因此在这里，我们需要重新思考何为需求。

马尔库塞在《单向度的人》中提出了"虚假的需求"概念，他将人的消费需求分成两种：基本的需求与过度的需求。他认为，在满足基本需求之后，资本主义生产方式利用大众文化不断制造过度需求，让人们疲于奔命地购物。

然而，什么是真实的需求？什么是虚假的过度需求？人们需求新款手机还是需求第 1001 件上衣？单反镜头是真需求吗？换一辆新车？让小孩参加课外辅导班？熟练背诵经文？逛动物园？

人类仿佛需要一切，又仿佛什么都不需要，一切都可以被称为虚假需求。但一切所谓的虚假又那么真实。

每个人都是演员，然后再抽身出来，从第三者的角度反思：我这样的需求是否意味着幸福？我们需要用"行动—反馈""需求—获得"取得人生的意义。不安的欲望持续流动，进入不同的场景模型中熔炼、成型。

克里斯·安德森论述过"群体加速创新"三要素：人群、聚光灯、渴望。三要素构筑了"场景-情境"。在数字化年代，聚光灯就是场景和情境。用技术实现舞台效果，人群的连接赋予人物价值感，最终调动"渴望"——用户的需求。因此，理解情境才能真正地理解需求。

结合场景推动创新是值得再次强调的创新设计路径。在观察环节，真正的洞察不会在常规提问中产生，洞察往往来自对场景与人的关系的提炼；在创意环节，单一创意不见得奏效，考虑到场景、情境，场景化创意会更有效果；在测试环节，场景化测试尤其重要。在模拟的场景化环境中，用户的反馈更真实。先有场景，后有可能性，需要从场景入手，思考隐藏的需求，我们需要做到以下三点。

1. 理解场景

从挖掘情境特征开始理解场景，并基于场景-情境尝试制定创新策略。例如，不同的媒体，如电视和手机，从根本上提供了不同的场景规则，即内容、声音、节奏、故事、动作等均受到场景的制约。专业人士明白，跨媒介内容的移植失败的问题大多出现在对场景的理解。再如，生活的场景化观察同样有助于情境洞察。在厕所里阅读和玩手机游戏看起来不起眼，却蕴含着巨大的机会。生活中的每个行为都有可能构成场景，例如，人们第一次打开商品的包装盒，苹果公司（包括最近的锤子科技）格外注重用户在打开包装盒时的体验，并对其进行了细腻的设定。

2. 创造场景

孙悟空用金箍棒在地上画了一个圈儿，这就是所谓的“结界”。设计思维工作的方式也是在“结界”中设定一个“场”。从界外看里面的人会觉得可笑，但界内的人却玩得理所当然，羞于表达的人甚至也会换上新的人物面具，做一些“幼稚”的行为。创新产品自带场景，在随身听诞生之前，音乐发生在固定的地点。随身听和耳机创造了新场景，人们可以带着音乐走路，大都市里涌现出无数自我独立的音乐王国。最近人们在谈论IP，也可以将成套的舞台、角色制作成场景-情境的入口，价值认同不是故事层面的快感或消费后的短暂狂热，而是一种延续的情感纽带，IP所承载的价值认同决定了其生命周期，创造IP需要时间的沉淀和实战的历练，犹如播种到开花再到结果，不能让核心价值枯萎。在教育界，场景化学习也渐渐成为共识，场景-情境比单纯的知识更重要，因此人们要进入真实世界进行探索式的学习。

3. 场景冲突

当杜尚将小便池放进画廊的那一刻，他便对画廊的场景规则发起了挑战，如图1-12所示。中兴百货的广告曾宣称“到服装店培养气质，到书店展示服装”。这样的文案所包含的洞察也旨在挑起场景冲突。不属于情境的元素进入了该情境，制造了戏剧性，也呈现了创意的价值。因此，场景冲突的不和谐更值得被创新者关注和利用。

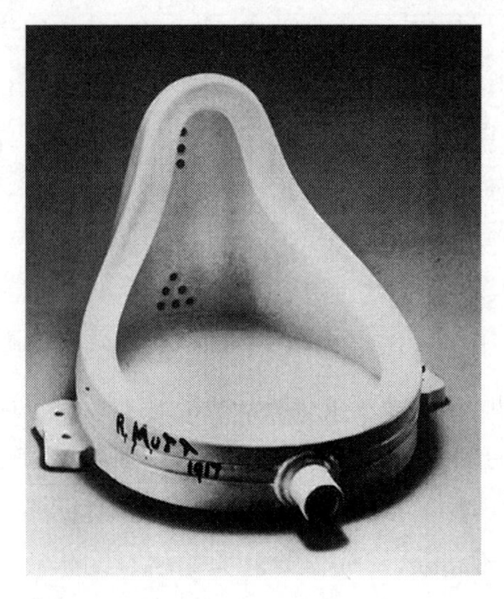

图 1-12　杜尚作品

人们的各种需求都诞生于特定的场景-情境，通过对话-互动和场景助推需求。看不见的数字化场景跨越地理、物质、时空，而社群化的虚拟场景是我们这个时代的奇观，也是真正的生产力。

宗教建筑赋予祈祷以神圣性，服装发布会则赋予时装以正当性。场景-情境建立了用户行为意义的共同体。商业品牌在谋划情境，用户在场景中寻找意义感、愉快感。当代创新的前提是营造一个信仰化的助推体系：准备各种盘子，设计一道大餐。

1.5　用户场景

用户来到一个网站，有什么样的目标，想解决什么样的问题，甚至如何通过这个网站达到特定的目的，这些都可以通过场景描述呈现出来，而这种场景描述就像故事一样，可以告诉他人用户来到网站的原因和背景。

场景对于界面设计和可用性测试来说都是非常重要的，那么在描述一个场景时需要涵盖哪些方面呢？一个好的场景在描述得简洁的同时，还需要回答以下问题：用户是谁，用户为什么来你的网站，用户的目标是什么。人物角色可以反映网站真实、主要的用户群体。如果可以的话，请记下用户来到你的网站的动机和预期。通过任务分析可以了解用户来到你的网站想获得什么，进而可以知道你的网站需要做什么才能让用户满意地离开。其他场景描述还可以回答以下问题：定义用户如何在网站上完成自己的目标,并找出完成目标过程中的多种可能性和潜在的问题。

场景类型主要分为三类:基于目标或者任务的场景,精细化的场景,全面的场景描述。

1. 基于目标或者任务的场景

基于目标的场景只描述用户想做什么,不描述用户如何完成任务的任何信息,这种类型的场景在确定网站架构和内容的时候作用较大。基于任务的场景在可用性测试时,测试人员提供给用户的就是这类场景。给用户一个背景信息及操作任务让用户操作,并观察他们是如何完成任务的。例如一个家长因为他10岁的孩子不肯喝牛奶而非常着急,他很想知道不喝牛奶会不会导致孩子缺钙,这就是基于目标的场景。再如下周你要去深圳出差,你需要确定你可以报销的餐费和其他费用的标准是多少,这就是基于任务的场景。

2. 精细化的场景

精细化的场景为用户提供了更多的使用细节,这些细节能够帮助网站团队更深入地理解用户特征及这些特征是如何推动或阻碍用户在网站上的行为的。知道了这些信息,团队更容易设计出让用户感到舒服、更容易操作的内容、功能和网站流程。例如,马先生今年70岁,是一位退休教师,退休金是他主要的收入来源。最近,他卖掉了以前住的大房子,搬到了一个小公寓。在众多需要处理的事情当中,告知社会保障局他搬家了是其中一件比较重要的事情,但他不知道新公寓附近哪里有社保局的办事处,开车或者步行寻找社保局对他来说也不是容易的事情。如果足够方便和安全,他更愿意上网通知社保局他已经搬家了。但是,他对于使用电脑这件事情感到非常紧张,因为在此之前,他从来没有用过电脑。虽然他的儿子在去年给了他一台电脑,并帮他做好了设置,教会了他如何上网和使用邮箱,但他从来没有登录过社会保障局的网站,因此他不了解这个网站的架构以及网站上的信息是如何组织的。此外,他也不愿意通过线上的形式透露个人信息,因此他想知道通过这种形式告诉社保局他的新地址是否足够安全。

3. 全面的场景描述

全面的场景描述除了背景信息之外,还包含用户完成任务的所有操作步骤,它既可以用来完整地呈现用户完成某个任务的所有操作步骤,也可以用来展示新网站计划让用户进行的操作步骤。这种类型的场景更多地站在了用户的角度而不是网站的角度，它很好地解释了用户是如何利用网站一步步完成自己的目标的。

把每个用户访问网站的每一个场景都呈现出来是不现实的，但是在设计网站之前，你可以先写出 10～30 个你认为的用户想访问你的网站的原因或者用户希望通过你的网站完成的任务。场景和人物角色还可以相互结合，分类呈现不同类型的用户来到你的网站的原因和需求，揭示"什么样的人"在"什么样的场景"下会有"什么样的行为"。

场景和人物角色可以通过故事结合起来，那么为什么某类用户会来你的网站，他们来你的网站希望做什么，这类用户有什么特征，这些特征如何影响他们在网站上的行为。因此，设计网站时的关注点应该是用户以及他们想达成的目标，而不是网站的组织和内在架构。知道了用户的需求，网站的内容及架构也就不言自明了。

在为可用性测试设置场景时，考虑到时间的关系，测试任务不宜多于 10 个。此外，在测试中还可以询问用户自己的场景，即他们为什么来到你的网站，以及他们想通过你的网站获得什么。在可用性测试中要避免通过场景告诉用户如何完成一个任务，而应该在测试中观察用户是如何完成任务的，并根据用户的操作情况判断当前网站的设计是否能够帮助用户在特定的场景下顺利地完成任务。

可用性测试的场景不能包含任何告诉用户应该如何完成任务的信息。可用性测试的过程会呈现出用户是如何完成任务的，并且能反映这个页面推动还是阻碍了这个任务的完成。在正式测试前需要预测用户完成这个任务的所有路径和步骤，包括用户可能使用的主要入口或者其他入口，以供观察人员和记录人员在测试中使用。在测试后可对比预期过程和用户完成任务的真实过程，这个对比过程有助于思考网站的架构和导航的效率。

第 2 章　用户心理

如果少就是多，那么为什么人们总是想要更多的选择呢？这是多巴胺效应的一部分。信息令人上瘾，除非人们确定了自己的选择，否则人们会不停歇地寻找更多的信息。

2.1　用户如何决策（上）

假设你打算买一台笔记本电脑，于是你先研究了一下要买什么样的，然后才去网上购买，这个做决定的过程包含了哪些因素？这个过程可能并非你想的那样，因为人们总是认为自己在做决定前已经深思熟虑并且仔细权衡了所有相关因素。在买电脑这个例子中，你考虑了最适合工作的电脑尺寸、最可靠的品牌、最有竞争力的价格以及当前是否是最佳的购买时机等因素。你是有意识地考虑这些因素的，但是关于做决定这一行为的研究表明，你的决定实际上是在潜意识中做出的。

人们的大多数心理活动都是在潜意识中进行的，大多数决定也是在潜意识中做出的，但这并不意味着它们是错误的、不理智的或者糟糕的。人们每天都要面对海量的数据，每秒钟都有上百万条信息涌入人们的大脑，而人们的意识不可能将其全部处理。于是，潜意识便帮助人们处理大部分的数据，并根据大多数时候能给人们带来最大利益的准则和经验法则做决定。我相信人们的直觉就是这么来的，而且在绝大多数的时候都是正确的。

要设计一个说服人们采取特定行动的产品或网站，需要了解目标人群潜意识中的动机。当人们告诉你他们采取特定行动的原因时，你应该持有怀疑态度。因为决定是在潜意识中做出的，他们也许并不知道自己做决定的真正原因。虽然说人们会基于某些潜意识因素做决定，但他们也想要为决定找一个合理的原因。所以你仍然需要为用户提供一些合理的原因，即使它们并不是令用户做出决定的真正原因。

我最喜欢的一个关于潜意识心理的理论是前景理论，前景理论是由心理学家丹尼尔·卡尼曼和阿莫斯·特沃斯基在1979年提出的，在2002年，卡尼曼凭借这一理论获得了诺贝尔经济学奖，不幸的是特沃斯基在颁奖之前就去世了。前景理论描述了人们如何在两个不同的选择预期中做选择以及人们如何感觉和估计每个选项的可能性。

当在多个选项中做选择的时候，人们总会避免损失和选择确定的收益。这是因为损失的痛苦感要超过同等收益带来的满足感。因此，UX设计应该构建决策信息框架，例如用户面对的问题或选项。

最近，我正在思考是否要为自己购买商业保险。因为我不了解自己的身体状况，随着年龄的增长，我可能会出现潜在或未知的健康问题，我没办法预测什么时候会突然出现健康问题，从而给我带来巨大的损失。这种不确定性使得做决定变得额外困难。我可以祈祷我的健康并且省下购买保险的钱，但是如果我的身体出现健康问题，那么我有可能需要花费一大笔治疗费用。在思考之后，我还是为自己购买了保险。

一种常见的偏差是人们在做决定的时候是厌恶损失的，例如上面的例子，人们过分看重小概率的事件以避免损失，即使一个高代价事件的可能性是微乎其微的，人们也宁愿接受一个更小的、确定的损失，例如购买一份保险，而不是冒险地面临一个可能的大损失。人们感觉到发生重大健康问题的可能性要比发生真实事件的概率要高。

人们都愿意相信自己是合乎逻辑的决策者，在用户体验领域中，我们经常谈论用户如何权衡不同选项的期望效用以决定所要采取的行动。然而，当谈到决策时，如是否要购买一些东西或选择服务的级别，人们极易出现认知偏差，通常会做出不合乎逻辑的选择。

例如，你会选择100%得到900元还是90%的可能得到1000元，但有10%的可能什么都得不到？大多数人都会避免风险而选择900元，尽管这两种情况的预期收益是相同的。然而，在亏损900元和只有90%的可能损失1000元这两个选项之间你会如何选择？大多数人可能都会选择第二个选项：90%的可能损失1000元，因为此时可以寻求机会逃避损失。

当面临收益时，人们会规避风险且选择确定的收益，而不是更冒险的选项，即使有获得更多奖励的可能性，尽管两个选项的预期收益都是一样的。

当面临损失时，正好相反，人们变得寻求风险并进行赌博，希望没有损失而不是选择确定的损失，尽管两个选项的预期收益也都是一样的。

这类行为不能被预期效用简单解释。在这些情境下，两个选项的预期效用是相同的，都等于概率乘以预期收益，然而人们在很大程度上会偏爱其中一个选项。

前景理论解释了人们在做如下三种决定时会出现的偏差：确定性、分离效应、损失厌恶。

1. 确定性

确定性是指人们倾向于确定的收益以及规避风险的收益。人们宁愿得到一个确定的收益而不是在冒险获得更多收益的同时也可能什么都得不到。当面对损失的时候，人们会寻求规避风险以避免另一个更大的损失。为了说服用户采取行动，可以利用某个对你有利的偏见，人们宁愿接受一个小但确定的奖励而不是不确定的更大的奖励。

如果为写产品评论的用户提供一个奖励，例如给所有评论者赠送9折优惠券，这个优惠券会比一次可能获得大奖的转盘抽奖活动更有吸引力和更有效。如果突出确定收益而不是收益的机会，那么对产品进行评论的请求会变得更有吸引力。

假设在电子邮件里提到，如果对产品进行评论，那么下次购买产品时会得到一个免费的样品，但它不是电子邮件的主要内容，因此，用户没有花时间写评论。这种偏见可能也解释了为什么人们总是能对一个特别的产品、服务、网站或者其他工具保持忠诚。我们可以冒险地使用其他可能会比当前方式更有效的方法，或者继续使用可靠的工具。

2. 分离效应

分离效应是指人们倾向于忽视两个选项之间的相同因素，简化并关注两者之间的差异。记住每个单独选项的所有细节会引起过高的认知负担，所以只关注差异点是说得通的。忽略相同因素能缓解比较选项的负担，但也会由于选项的呈现方式不同而导致不一致的选择。丹尼尔·卡尼曼和阿莫斯·特沃斯基在一次实验中呈现了两个场景，两个场景中的人们都有一定数量的初始资金，并要求人们在两个选项之间做选择。

场景一：被测试者有1000元，他们要在以下两个选项之间选择。(A)50%的概率赢得1000元；(B)100%获得500元。

场景二：被测试者有2000元，他们要在以下两个选项之间选择。(C)50%的概率损失1000元；(D)100%损失500元。

虽然两个场景中的初始资金不同，但两个场景实际上是相同的：如果被测试者在场景一中选择 B 或者在场景二中选择 D，最后他们手里剩下的钱是一样的，同理，选项 A 和 C 也是相同的。然而，人们在两个场景中会选择相反的选项。场景一中大多数人选择了规避风险的选项 B，在场景二中选择了规避损失的选项 C。改变问题的呈现方式、调整初始资金以及相对应的选项，便让人们做出了不同的决定。

当每个决定被呈现给用户时，人们会根据选项是被描述成收获还是损失做出相反的选择。场景一中，大多数人选择了选项 B 而不是选项 A，但是在场景二中，大多数人选择了选项 C 而不是选项 D 以规避损失。在这些场景中，人们只关注两个选项而忽略了初始资金，因为它是两个选项中的共同因素。然而当初始资金不同时，可以看出选项 A 和选项 C 是相等的，选项 B 和选项 D 是相等的。

当设计内容引导用户做出一个确定的选择时，要考虑问题是怎样被表述的。人们对一个消极表述的信息的反应与对一个积极表述的信息的反应是完全不同的。

你愿意使用一个 95%满意度的服务还是一个 5%投诉率的服务？消极表达会引发人们思考损失的可能性或者消极的结果，并做出对应的反应。

应该考虑如何呈现信息能帮助用户辨别那些可以被忽略的共同元素，而不仅仅是突显关键差异。例如，呈现剖析产品的配置信息，通过对比让用户在不同产品的整体配置信息中进行选择。看到每一个可能的产品或者服务的排列，可能会导致潜在客户做出不同的决定，或只是压迫他们，让他们放弃任务，而不是只给他们一个或两个产品，然后通过添加功能规避它们。

另一种简化产品比较过程的方法是并排呈现重要信息，而不仅仅是一张张单独的产品界面。对比表格能够很好地突显差异，只需让所有项目都包含一致的详细信息。在网上对比和选择产品或服务是用户采用的最普遍方式，所以必须支持这种形式。

3. 损失厌恶

损失厌恶是指大多数人都讨厌损失，所以他们会规避损失，因为即使损失出现的可能性很小，但损失的潜在影响比收益的影响更大。损失的痛苦也能解释为什么当人们在赢了 100 元又输了 80 元之后，仍然会感到自己亏损了。

人们对损失的反应要比对收益的反应更大，顺序也很重要。如果人们先损失了 80 元，然后赢回了 100 元，那么我们的参考就失效了，实际上人们感受到的是收获。

网上的信息可以利用用户的心理偏差说服用户购买商品或做出其他决定。例如，保险网站经常会展示一系列如果人们不买保险就会导致的概率虽小但代价较大的后果。这个展示引导人们倾向于规避这些大损失，并让人们为了安全而忽略小额的保险费用。

保险公司经常会利用夸大小概率但代价巨大的事情说服人们购买保险。对于无法从本质上抵御巨大损失的产品或服务来说，我们能通过理解用户的顾虑说服用户采取特定的行动。如果我们能通过用户研究揭示人们的担忧，我们就能提供信息以帮助人们克服这些恐惧和担忧。例如，潜在用户不愿意使用在线申请，因为他们害怕在线申请会浪费太多的时间，或者需要提交的信息他们现在没有。如果网页发现了这种可能性，就可以尝试改变，例如，说明申请所用的平均时间，以及说明需要提交的信息。

让用户远离消极体验，前景理论也能延伸应用到人们的整体体验上。人们对损失的反应更强烈，在与网页或应用交互的过程中可能会出现沮丧或困惑。当每件事情都按照预期发生时，人们会认为这是一种常态。但一旦出现一点错误，人们便会长时间地记住这些不好的体验，这就是检测每一件事并努力排除所有绊脚石的重要性，我们正在为那些难以得到满足的用户做设计。前景理论解释了人们在做决策时会出现的几种偏差，了解这些偏差有助于说服用户采取行动。

2.2　用户如何决策（下）

站在家乐福超市的任意一条通道，琳琅满目的商品会让你的选择无所适从。不管是购买糖果、薯片、牛奶还是鸡蛋，你都有多种选择。不管是零售商店还是网站，如果你询问人们是喜欢从备选方案中挑选还是想要有更多的选择，绝大多数人都会说想要更多的选择。

有一个非常有名的实验：在一家繁忙的高档零售店布置商品，展台上的商品种类一半时间多一半时间少，一半时间摆放 6 种果酱供人们品尝，另一半时间则摆放 24 种果酱；摆放 24 种果酱的展台有 60 个人会停下来品尝果酱，但只有 2 个人会购买；摆放 6 种果酱的展台有 40 个人会停下来品尝果酱，其中有 12 个人会购买。

如果少就是多，那么为什么人们总是想要更多的选择呢？这是多巴胺效应的一部分。信息令人上瘾，除非人们确定了自己的选择，否则人们会不停歇地寻找更多的信息。所以我们要克制向消费者提供过多选择的冲动，如果可能的话，可以将选择的数量限制为 3～4 种，如果你不得不提供更多的选择，可以尝试使用渐进的方法，例如让人们先从 3～4 种中进行选择，然后再从子集中进行选择。

在威尔士健身卡的办理活动中，有一项内容是加 200 元将健身卡升级为通卡，通卡可以在任何威尔士健身房使用。人们往往在选择中偏向于选择通卡，即使他们只会去一家威尔士健身房健身。

虽然不一定正确，但是人们认为自己只要拥有了选择权就等于拥有了控制权。如果人们想要一切尽在掌控的感觉，就需要感受到自己的行为强大有力，而且拥有很多选择。有时过多的选择会令人们难以得到想要的，但是人们仍然想拥有更多的选择，因为这样做会使他们拥有控制感。

对环境的控制欲是人类的内在本性，这是很有道理的，因为通过控制环境人类可以增加生存的机会。人们并非总是选择最快的方法完成任务，在决定目标用户将如何使用你的网站或产品完成某项任务时，你要提供不止一种方法，哪怕其他方法的效率不高，但是可以让用户拥有更多的选择。一旦人们有了选择权，人们就不想失去，否则会很不高兴。如果产品的新版本包含完成任务的改进方法，那么你还是要保留一些旧有方法，这样人们会觉得拥有了更多的选择。

相比于金钱，人们可能更在意时间。斯坦福商学院在2009年进行了一系列的实验，研究时间因素和金钱因素对人们是否购买、愿意花多少钱购买以及对所买产品的满意度是否有影响。实验在一家卖柠檬水的店进行，分三段时间分别写道："花费少许时间，享受冰凉柠檬水吧"，这种是时间语境；"花一点点钱，享受冰凉柠檬水吧"，这是金钱语境；"享受冰凉柠檬水吧"，这是控制语境。实验结果显示：在时间语境下购买者花了更多的钱，平均每人支付了2.5美元，而在金钱语境下购买者平均仅支付1.38美元。提及时间而购买的人数是提及金钱而购买的人数的两倍。在控制语境下购买的人数和平均支付金额都介于前两种情况之间。换言之，提及时间带来了最多的购买者和销售额，提及金钱带来了最少的购买者和销售额，两者都没有提到的居于中间。购买者在填写满意度调查问卷时的情形也是如此。

然而，对于特定的产品，例如名牌，或者对于特定的消费者，例如只购买苹果手机的人，提及金钱比提及时间更能增强购买欲望。所以，要了解你的目标市场或者消费人群。如果你没有时间或者预算了解你的消费人群，而且你销售的并不是高档产品或服务，那么就要多注重时间和体验，尽量减少提及金钱。

在足球场上，如果守门员在球门的边线角落接到了足球，那么足球到底有没有越过球门线呢？两个裁判员是从不同的角度观察的，一起讨论和分别判定哪种更容易做出正确的判罚呢？Bahador Bahrami 的研究表明，如果他们一起交流并且他们都精通该领域的知识和技能，那么两个脑袋要比一个脑袋好用。他还发现，只要两个人能够自由讨论各自的不同意见，并且不仅讨论他们的所见，还讨论他们对于自己所见的确信程度，那么两个人做出的决定将会比一个人做出的决定更好。如果不允许他们自由讨论，仅让他们各自决定，那么一个人做出的决定要好于两个人在讨论后做出的决定。

如果一个人技不如人，但他自己没有意识到这一点，那么哪怕队友意识到了，这个团队也很可能做出糟糕的决定，因为他们本应忽视这个人的意见，但他们却没有。如今分享信息很容易，信息可以广泛地传播，这种信息和观点的自由传播意味着人们很可能会一起做出糟糕的决定。

任何参与过小组决策或焦点小组的人，都耳闻目睹过某个强势的组员主导着会议与决定。小组做出的决定并不一定是全部组员的决定，当存在一位或多位强势组员的时候，许多人会放弃自己的想法，甚至可能一言不发。人被强势者所影响，在一个会议中，往往这些有领导力的人最先发言，对于94%的问题，最终的答案都是最先提出的答案，而具有支配欲的人往往最先发言。

如果团队共同进行设计，要注意不要因为某个解决方案是第一个人提出的而盲从。如果你们要召开小组会议，一起做决定或集体讨论用户反馈，那么应该让每个组员事先写下自己的想法，并且在会前相互传阅。

假设你正在浏览网站，考虑购买一双靴子，你看到一双靴子好像很不错，但是你从来没有听说过这个品牌，你会买吗？如果你不确定，那么你很可能会向下滚动页面看看其他购买者的评论和评分，你可能会相信这些评论，即使写评论的是陌生人。

当一个人不知道该做什么的时候，他就会观察别人在做什么，然后决定自己该做什么，我们把这种行为称为社会认同。网站上，最显著的社会认同就是评分和评论，当我们不确定买什么的时候，就会查看那些证书、评分和评论，从而决定接下来怎么做。普通访客的评论、专家评论和网站推荐都会影响行为，但是普通访客的评论最有影响力。人们很容易受他人观点和行为的影响，尤其是在自己不确定的时候。如果想影响他人的行为，可以使用证书、评分和评论。有关评分人和评论人的信息越多，评分或评论产生的影响力就越大。

假设你想在网站上订购一支你最喜欢的钢笔，如果产品页面上不仅有文字描述，还有钢笔的实物图，你是否会觉得这支钢笔更有价值？如果你在文具店，这支钢笔就摆在你的面前，你是否会觉得这支钢笔更有价值？这种判断与你购买的是钢笔还是其他产品是否有关系？当你决定购买时，产品的展示方式是否会影响你愿意为其支付的价格？

这种感觉是巴甫洛夫条件反射吗？真实的产品是一种条件刺激，会引起条件反射；图像和文字都可能成为条件刺激，引起同样的条件反射，但是它们在人们大脑中尚未建立，因此无法像产品实物那样引发相同的条件反射。人们去美术馆参观展品，若展品被玻璃遮罩，则会降低参观者与展品的互动。

2.3 用户是社会性动物

人类的大脑最多只能容纳150个人的稳定社交网络，一旦人们的社交圈超过了这个值，就很难再维持巩固的社会关系了。所以微信、QQ、Facebook上的通讯录越长，联络频率和亲密程度就越弱。

当我们在朋友圈可以看到50个人发布的信息时，一切信息都是有价值的。当我们在朋友圈可以看到100个人发布的信息时，某人今天吃了什么可能对我没有影响，但是他分享的一篇文章可能对我就有影响。当我们在朋友圈可以看到150个人发布的信息时，我们在意的是这个人所在圈子的文化对我的影响，即我们关注的是人-信息-文化。

进化论人类学家研究了动物的社会群体，他们想知道社会群体中稳定的关系数量是否与脑容量有关，他们将不同历史时期及不同地域的社交圈容量都记录在案，他们确信这个数字是经得起文化、地域和时间的考验的。他们认为25万年前人类的脑容量就与现在相同，于是他们开始研究狩猎者聚居的远古社会。他们发现，在新石器时代，一个农村的平均人口数量就是150人，基督教哈特派定居点的人数、罗马标准部队的人数以及现代部队的人数也是150人。

基于对动物的研究，人类学家推断人类社交圈的人数上限大约为150人，这个限制是指你能与其维持稳定社交关系的人数，在这样的团体关系中，你能够了解每个人以及他们相互之间的关系。

在人们的生活圈里，人数远比150人要多，其实150人是指联系紧密的社交圈规模。如果一个社交圈的生存压力很大，那么它会稳定在150人，并且在地理位置上相距很近；如果生存压力不大或者组织人员分散，那么社交圈的人数上限会更低。这意味着对当今社会的大多数人来说，这个数字应该达不到150。在社交网络中，一个人也许会有1000个微信好友，10000个知乎粉丝，然而，这些关系并不是坚固、稳定的，这个社交圈也不是每个人都相互了解并紧密聚合的团体。

在如今的社交媒体中，真正重要的并不是强关系，而是弱关系，弱关系不需要人人都相互了解，不需要扎堆在一起，这里的弱关系并非指不重要的关系。人们觉得社交媒体非常有趣是因为它让人们能够轻松快速地扩展弱关系，而这些关系在当今社会太重要了。如果你感觉自己并非身处此种弱关系的圈子之中，那么你可能会觉得被别人疏远、孤立，从而感到紧张。

在社交网络中，很多关系都是弱关系。在设计一个注重社区关系的产品时，需要考虑其中的交互是为强关系设计的还是为弱关系设计的。如果是为强关系设计的,就需要设计一些能让用户近距离相互接触的功能,让他们可以在圈子中相互联系和了解。如果是为弱关系设计的,就不要以让社交网络中的用户直接联系或近距离接触为主要目的。

关于社交媒体的讨论随处可见,但是社交媒体到底是什么呢?很多人认为它是一种用于社交的软件或程序,可以用来更有效地在线宣传业务、组织或品牌。但是如果你凝神思考一下,就会意识到所有的网络交互其实都是社交。打开一个网站是一种社交行为,在直播软件上收看世界杯足球比赛也是一种社交行为。

与他人交往时,人们会遵循社交规则和规范。假设你今天约朋友去星巴克喝咖啡,这时你在咖啡厅靠窗而坐,等待她的到来。她走进来和你打招呼,同样,她希望你会与她互动,并且遵循特定的礼仪。她预期你会看着她,准确地说,是看着她的眼睛。如果你们是第一次约会,那么她会期待你面带微笑。之后的聊天内容取决于你们彼此之间的熟悉程度,若你们有共同的爱好或者喜欢对方的着装打扮,你们会聊得很投机,也会很愉快;若你们没有任何共同的爱好,也不喜欢对方的打扮,那么你们可能会加快聊天的速度。你们对于如何互动都有所预期,如果有人违反了预期,就会让对方觉得不舒服。

网络互动遵循的规则也是一样的,当登录某个网站或使用某个线上程序时,你会对网站的反馈以及交互方式有所预期,这样的预期大多都对应人际互动的预期。如果网页没有反馈或加载时间过长,就如同聊天对象无视你一样。在设计产品时,要多思考用户会如何与它互动,产品的交互是否符合人际交往规则。很多产品的可用性设计规范其实都和人们对社交行为的预期相关,遵循基础的可用性规范能迎合人们对交互的预期。

人们的沟通方式多种多样,如写信、发邮件、面对面对话、打电话、发即时消息。一些研究者很好奇人们使用这些媒介沟通时的诚实度是否有差异。研究者通过日记式研究指出:在发邮件的时候,说谎者一般会比诚实者多打一些字,而且说谎者通常不使用第一人称(我),而是更多地使用第二人称和第三人称(你、他、她、他们)。有趣的是,研究中的很多人并不擅长判断自己是否被骗。打电话时说谎的人最多,写信时说谎的人最少,人们在使用电子邮件时比使用纸笔时的态度更消极。

如果你正在设计通过电子邮件进行的调研,要明白人们在使用电子邮件时比使用纸笔时的态度更消极。如果你在做调研或收集用户反馈,要注意电话调研的反馈不如邮件或纸笔反馈更准确可信。面对面、一对一地收集用户反馈才是最有效的。

所有的社交媒体都不同,要辨别哪些是用来联系亲朋好友的,哪些是用来联系陌生人的，这一点很重要。比如微信上的联系人主要是你熟悉的亲朋好友，尽管你们对很多事情的观点都不同，而探探会将你和陌生人联系起来。人们像被编写了程序一样，会特别地关注亲朋好友，适用于联系亲朋好友的社交媒体更能激励用户，也会获得更多的忠诚用户。你有可能每天查看50次微信，而只查看5次探探，因为微信上的人都是你的亲朋好友。

2.4 用户动机

在全家便利店单笔消费满50元可以得到一张积分卡，以后只要你单笔消费满50元，商家就会在积分卡上贴一张贴纸，当积分卡贴满贴纸的时候，你就能免费得到一杯咖啡。以下有两种不同的情境：第一种是积分卡有10个贴槽，给你积分卡时所有的贴槽都是空白的；第二种是积分卡有12个贴槽，给你积分卡时已经贴上了2张贴纸。第一种和第二种情境所用的时间是否相同？其实，在两种情境中你都会为了得到免费咖啡而消费10笔50元以上的账单，使用第二种情境中的积分卡，顾客收集满贴纸的速度会更快一些，这种现象称为目标趋近效应。

目标趋近效应是指当人们接近目标时人们会加快行动。好比在迷宫里寻找食物的老鼠在接近出口时会跑得比在入口时更快。当网站的用户更接近网站设置的奖励目标时，他们访问网站的频率也会提高。

Keep网站的用户在完成一周的训练任务后可以获得一枚等级勋章，同时可以将勋章分享到朋友圈。Keep网站首页提供了记录一周训练任务的界面，标注出用户还有几天的任务需要完成，用户越接近目标，就越有动力完成剩下的训练任务。

当人们查看自己的任务计划时，一种人关注已经完成了哪些事，另一种人关注还有什么事尚未完成。当人们关注还有什么事没完成的时候，人们更容易坚持做完一件事。离目标越近，人们就越有动力完成它，尤其是当成功近在眼前的时候。哪怕进展只是个假象，人们也可能会更有动力，就如同全家便利店在积分卡上提前贴上了2张贴纸，虽然你仍然需要消费10笔，但看上去好像已经有了一些进展，于是出现了很好的激励效果。不过需要说明的是，在用户达成目标后，动力和购买力会剧减，这种现象称为回馈后重置，通常人们会对再完成另一项任务失去耐心，所以在目标达成时失去客户的风险最高。

如果你玩过麻将或者纸牌类的游戏，你就会知道变化奖励次数和方式。打麻将赢的方式有很多，有碰碰胡、清一色、小七对等，奖励的多少也都是不确定的；同时，也不会每次都是同一个人赢，一桌麻将四个人玩，四个人都不知道哪次会赢，这与经验无关，而是与次数有关。由于次数是变化的，一切就都无法预料，你不知道哪一次会赢，但是有一点可以确定，那就是玩的次数越多，赢的机会就越大，结果就是人们会越玩越上瘾。如果期望一个人最大限度地投入某件事，也许最合适的方式就是变动奖励次数。

想要使操作性条件反射理论有效，就必须保证奖励是用户真正需要的。思考你所寻找的行为模式，选择最合适的强化方式，尽量变化奖励次数以提高人们重复参与的积极性。

人们的大脑在期待得到奖励的状态中会比得到奖励时受到更多的刺激。找到信息的过程越容易，用户就会越投入其中。

狗看到食物时会流口水，当把食物和铃声配在一起时，铃声便成了刺激物。狗在看到食物的同时也会听到铃声，看到食物狗就会流口水。反复几次之后，狗一听到铃声，即使没有看到食物也同样会流口水，此时食物不再是引起流口水反应的必需品了。当外界刺激与寻求信息的行为产生联系时，例如收到短信时的声音提示，也会促使人们寻求信息。

只给出少量的信息并为用户提供寻求更多信息的途径，可以诱发用户寻找更多的信息。信息来源越不可预期，人们就越容易沉溺于挖掘信息。用户更容易受到少量信息的刺激，因为少量信息不能满足用户对更多、更完整信息的寻求。有了微信和百度，人们几乎能随时获取信息。想要立刻和某人聊天，想要寻找一些信息，人们都可以通过微信进行语音或百度进行搜索。想要了解朋友的近况，刷一下微信朋友圈或者查看他最近发布的内容即可。人们会进入搜寻信息的循环，在搜寻信息的需求得到满足后，人们会寻求更多的信息。于是，控制自己不查看微信朋友圈、不检查手机是否有未接来电或未读信息变得越来越难。要想打破这个循环，必须脱离信息搜寻的环境，例如关闭电脑或者把手机放在视线之外，最有效的方法之一是关闭铃声和新消息提示。

假设你是个美术老师，想鼓励班里的学生花更多的时间画画，于是你决定为学生颁发优秀绘画奖状。如果你的目标是让他们画更多的作品并培养绘画兴趣，那么以何种方式颁发奖状最好呢？是学生每完成一幅作品就颁发一次还是偶尔颁发一次？如果你需要给予物质奖励，那么意外的奖励更能激发用户的动力。可能你曾经有过为特定目标而努力的经历，然而有些目标是无意识形成的，你不知不觉地设立了目标，随后这个目标渐渐地浮现在你的意识中。不要把物质奖励当作激励的最佳方式，精神激励会更有效。如果你设计的产品能让用户和其他人产生联系，他们就会更有动力地使用它。

为什么人们愿意把时间和创造力用在搜索新的信息上？仔细想一下就会知道，人们参与了很多需要投入大量时间和需要专业知识却没有金钱奖励或职业利益的活动。人们喜欢进步的感觉，喜欢学习并掌握新知识或新技能的感觉。进步能给人带来强大的动力，即使很小的进步也能产生很强的效果，激励人们完成下一个任务。如果你想建立用户的忠诚度，就需要挖掘用户的内在需求，而不是添加让他们付钱购买的服务。如果用户不得不完成一项很无聊的任务，不妨直接告知他们并让他们用自己的方式完成，这样做也许会更有帮助。想办法帮用户设立目标并追踪进程，并显示用户完成目标的进度。

假设你想买苹果公司新推出的手机，但你心想也许应该再等一阵子，因为更新款的手机过段时间就要面世了，那么你打算等下去吗？你是否善于克制自己，这一点很有可能在你的幼年时期就已经定型了。一些人更擅长克制自己，而另一些则相反。不擅于克制的人更容易受稀缺性图像或提示信息的影响，例如“最后 3 件”或者“最后一天优惠活动”等。

说人天生懒惰可能有一些夸张，但研究显示，人们会以最少的工作量完成任务。当用户进入一个新的界面时，你希望用户阅读全部内容，但是大多数时候用户只会瞥一眼新界面，迅速浏览一些文字，然后点击第一个吸引他们的链接或者按钮，往往很大一片区域会被忽略。所以在设计时要尽量假设人们想用最少的工作量完成任务，因为这种可能性最大。在面对多种选择的时候，对各种选择进行面面俱到的分析不仅成本过高，而且很难实现。人们通常没有足够的认知能力权衡选择，所以在做决定时，追求合格或者恰到好处会更有意义，而不是找出最完美的方案，恰到好处的解决方案就能够让人得到满足，不一定需要找到最优方案。

默认值能减少完成任务所需的工作量。例如，若酒店信息填写页面自动帮助用户填写姓名、手机号和邮箱，用户完成表单的速度就会快得多。但默认值也存在一些隐患，比如有时候用户没有注意就不小心使用了。权衡取舍的关键在于工作量，如果修改默认选项的工作量较大，那么在设计时就要斟酌是否要提供默认选项。前段时间，我在京东上给父母购买了两部手机，最近我在京东上购买了一件衣服，但是默认的送货地址却是我上次填写的父母家的地址，我也没有注意到，结果这件衣服送到了我的父母家，默认操作给我和我的父母都带来了麻烦。如果你知道人们在大多数时候需要什么，就可以提供相应的默认值，前提是即使用户误用了默认值，也不会导致太高的错误成本。

如果你正在采访用户，想了解他们如何使用你设计的产品，那么对于访谈的解读和分析一定要小心。当你评价用户将会在你的产品中做什么时，可能会倾向于强调个性，而忽略了环境因素。例如，一个人走在繁忙的大街上着急去上班，遇到了一个同样急着去上班的人掉了文件夹，里面的文件散落一地，他只瞥了一眼，然后继续赶路，你会怎么想？为什么他不停下来帮忙捡起文件夹呢？如果你回答"看来他是个很自私的人，从来不在街上帮助陌生人"，那么你很可能犯了基本的归因错误。人们在评价他人的行为举止时，往往会归因于人品而不是客观情境。例如在这个例子中，除了可以解释为"他很自私"，你还可以找找客观原因，如"他要去公司开评审会，快迟到了，所以今天没有时间，也许换个情况他就会停下来"。但事实上你不会这么想，不会认为是客观原因导致了他的行为，而是觉得一定是他的人品有问题。但是，如果是分析和解释自己的行为和动机，那么你的思维方式就会截然不同了。换句话说，你会认为自己的行为和动机都是由客观因素引起的，与人品毫无关系。

作为一名设计师，每天上班的第一件事就是打开电脑，然后打开邮箱，再打开昨天的设计稿或者是公司的网站和竞品的网站。这一系列的动作你每天都会做，已经养成了习惯。人们养成一个习惯需要的平均时间是 66 天，但这个数字并不能说明一切，因为变动的范围其实很宽。对于一些人的一些习惯，也许只要 18 天左右就可以养成，但对于另一些人或另一些习惯，有可能就需要 254 天之久，这比 66 天要长得多。人们在养成习惯的过程中最初会很自觉，但之后自觉性就会稳定，整个过程形成一条渐近线。行为越复杂，就越难成为习惯。培养运动的习惯比培养午饭吃水果的习惯要花更多的时间。如果行为的持续偶尔间断一天，对习惯的养成不会有太大的影响，但如果间断的次数过多或连续间断多日，就会延缓习惯的形成。毫无疑问，人们越能坚持，养成习惯的速度就越快。只要间断的天数不多，偶尔间断一次不会有太大的影响。预防拖延的最好方式就是原谅自己过去的拖延。如果你想要人们努力地干某件大事，首先需要让他们做一些相关的小事，这样会改变他们的旧有习惯，从而为做大事做好铺垫。形成习惯的本质就是做从来没做过的事，先从一些小事做起，渐渐地就会养成习惯。

2.5　用户如何思考

设计师经常会犯的一个错误就是一次性给用户提供太多的信息，而人的大脑一次性只能有意识地处理少量的信息。每次只展示用户当前需要的信息是一种很好的设计思路。每次只提供少量的信息可以避免信息过量给用户带来的不适，同时还能满足不同用户的需要，因为有些用户希望得到整体概览，有些用户则需要全部详情。这样的设计思路需要多次点击，你也许听说过，网站设计应该减少用户的费力度，应该将用户得到详细信息所需要的点击次数尽量减少。但是点击次数并不重要，人们非常愿意点击多次。其实，如果用户在每次点击时都能得到适量的信息，并愿意沿着设计思路继续查看网站，那么他们根本不会注意到点击的次数。

这种设计思路虽然很好，但前提条件是你要了解多数用户在多数时间需要的信息。如果你没有做足这方面的调研，那么你的网站会让人受挫，因为多数用户要花大量的时间才能找到他们需要的信息。这种设计思路仅在你了解多数用户每一步需要的信息时才有效。如果不得不在让用户点击和让用户动脑之间做出取舍，那么就多几次点击，少一点动脑思考吧。

假设你正在使用网上酒店预订平台预订上海明天的酒店，你需要查询上海明天有哪些酒店可以预订，需要查看酒店的价格、设施、地理位置等，填写个人信息后，最后点击“预订”按钮完成支付。在完成这个任务的过程中，你需要思考和记忆（认知），需要浏览屏幕（视觉），需要点击按钮跳转页面（行动）。在人机工程学中，这些行为统称为负荷。理论上，你可以使用户接受三类要求，也就是承受三类负荷：认知（包括记忆）负荷、视觉负荷和行动负荷。

不同的负荷所使用的脑力资源也不相同。当你要求用户在界面上看或找某物时（视觉负荷），用户花费的脑力资源要多于点击按钮。如果让用户思考、记忆或心算（认知负荷），脑力资源就会耗费得更多。所以，从人机工程学的视角来看，负荷所花费的资源从多到少为认知负荷、视觉负荷、行动负荷。

从人机工程学的观点来看，设计产品、程序或网站时，你一直在取舍。若你需要增加几次点击，但用户可以因此减少思考或记忆的内容，那么这就是值得的，因为点击的负荷比思考的负荷更小。我曾经在设计酒店订单详情页时做过一些用户可用性测试，将用户导航从必须点击三次才能完成任务改为必须点击四次才能完成任务，结果用户在完成时说这个操作很简单。这是因为每个步骤都很合理，都提供了用户所预期的信息，他们不必动脑思考，而思考的负荷比点击的负荷更沉重。

通常情况下，在考虑设计中的负荷问题时，设计师都想减少负荷，特别是认知负荷和视觉负荷，从而让产品更加易用，但有时设计师也想要增加负荷。例如，要想吸引用户的注意力，就要增加视觉信息，加入图片、动画和视频，因此视觉负荷就会增多。故意增加视觉负荷的最好例子就是游戏。游戏是通过增加负荷数量提升游戏难度的。有的游戏需要玩家仔细思考，因此具有大量的认知负荷；有的游戏需要玩家在屏幕上寻找物品，因此具有大量的视觉负荷；有的游戏需要玩家用手指操作瞄准并射击，因此具有大量的行动负荷。许多游戏都增加了不止一种负荷，例如有的游戏同时具有视觉负荷和行动负荷。

设计产品时要考虑能否通过减少负荷让它变得更加易用，因为用户的认知负荷会耗费最多的脑力资源。同时寻找可以权衡之处，例如可以通过增加视觉负荷或行动负荷以减少认知负荷。

如果你曾在网站设计的用户调研中用过卡片分类法，那么你一定见过用户在参与时有多么投入。卡片分类法是指将网站上可能出现的内容以短语的形式分别写在卡片上，然后将卡片交给用户进行分类。这是我见过的用户参与得最积极的一项任务。当面对大量信息时，人们会自动开始分类，人们把分类作为理解周围世界的一种方式，特别是当他们被淹没在信息的海洋中时。

人们究竟是对自己分类的信息记得更清楚，还是对别人分类的信息记得更清楚呢？研究结果表明，谁来分类并不重要，关键是分类得好不好。信息组织得越好，人们记忆得就越清楚。那些在控制欲测试中得分较高的人喜欢用自己的方式组织信息，但只要信息组织得好，那么按自己的方式分类或按别人的方式分类并不重要。

你有过这种经历吗？去一个陌生的地方，去的时候需要两小时，回来的时候也需要两小时，但会感觉去的时候时间花得多。人们对时间的感知和反应也深受可预测性和预期的影响。假设你正在手机上预订一家酒店，刚刚点击了“预订”按钮，正在等待预订成功的反馈界面，你是否对不知道要花多少时间才能知晓预订结果而感到苦恼呢？如果你经常在手机上预订酒店，并且通常在5分钟后才能知道预订结果的话，那么你就不会觉得这5分钟很长。如果界面上有个进度条，你就会有所预期，可能会去倒杯水再回来查看。但预订结果有时只需要等待30秒，有时需要等待5分钟，并且你也不知道这次需要等多久，那么倘若这次需要等待3分钟，你就会等得非常不耐烦，并感觉这3分钟比平时更长。

十年前，如果打开一个网页需要20秒，人们并不会介意；但如今，超过3秒人们就会不耐烦。一个人的心理活动越多，就越觉得时间流逝得慢。如果人们在任务的每一步都要停下来思考，就会觉得这个任务的耗时很长。为了让处理过程显得短一些，可以把任务拆分成几步，并让用户少动脑子，因为过多的心理活动会让用户感觉花了更长的时间。

想象一下，你正在全神贯注于某项活动，可以是某种体育活动，例如攀岩或滑雪；可以是某种艺术或创意活动，例如弹钢琴或绘画；也可以是日常工作，例如制作PPT或上课。不管从事什么活动，此刻你都全身心地投入其中，其他事情都被暂时抛开。你对时间的感觉改变了，几乎忘了自己是谁、身在何方，这种状态称为心流状态。

当你将注意力高度集中在某项任务时，控制和集中注意力的能力至关重要。如果你被外界事物干扰了，心流状态就会消散。如果你希望用户在使用你的产品时处于心流状态，就请在用户执行特定任务的时候尽量地减少干扰。

假设你怀着清晰、明确且可实现的目标，无论你是在唱歌、修自行车还是跑马拉松，只有心中有明确的目标，你才能进入注意力高度集中的心流状态，然后你还要集中注意力，只接收与目标相关的信息。研究表明，人必须在有信心实现目标时才能进入并稳定在心流状态。如果人们认为自己很可能无法实现目标，那么就不会进入心流状态。而且，如果目标不具有挑战性，人们也不会集中注意力，心流状态也会消失。确保任务具有足够的挑战性以吸引用户的注意力，但也不能太难，否则用户就会灰心丧气。

假设你持续收到反馈，为了保持在心流状态，你需要不断接收反馈信息以了解目标的完成情况，所以要确保在用户执行任务时为其提供足够的反馈信息。

假设你能控制自己的动作，控制是心流状态出现的重要条件。你不必刻意地控制自己，也不必感觉到自己在控制全局，当你处于具有挑战性的环境时，你必须感觉到你正在严格控制自己的行为，所以要在用户的操作过程中给予他们足够多的控制点。

时间观念会变化。有人觉得时间加速了，他们抬头看时钟，发现时间飞逝，也有人觉得时间变慢了。要想进入心流状态，你的自我感和存在意识都不能受到威胁。你必须足够放松，才能将注意力集中在任务上。其实多数人都表示，当全身心地投入一项任务时，他们会达到忘我的境界。

心流状态是因人而异的。让每个人进入心流状态的活动不同，触发的条件也各不相同。心流状态是一种跨文化体验，目前来看，它似乎是一种跨文化的、普遍的人类体验。心流状态是愉悦的，人们喜欢处于心流状态中，所以设计要努力引发用户的心流状态。

第 3 章　用户研究

如果在设计网站时想了解用户会以何种方式进入网站，用户如何使用网站解决自己遇到的问题，用户浏览网站的感觉是什么，就需要研究目标用户是否能够很好地使用这个产品，好的研究方法能帮助人们发现用户在某个界面中遇到的问题，暴露出一些用户难以完成的操作以及他们不理解的文案。

3.1　用户访谈

用户研究包括定性研究和定量研究，定性研究是用户行为的客观呈现，定量研究可以挖掘数据背后的用户观点，两者可以互相补充。常用的定性研究包括用户访谈、焦点小组、可用性测试；常用的定量研究包括调查问卷、点击率、浏览时长、PV、UV、DAU 等。通过用户访谈、可用性测试、用户评论等可以获得用户对于产品的真实反馈和需求。

定量研究是指通过大量数据样本挖掘现象的方法。例如访问了 100 个女生，有 80 个人感觉自己很胖，这就是通过分析大量样本而得到的结论。

定性研究是指通过少数样本深入地了解细节并找出原因的方法。例如我只访问了 8 个女生，仔细询问她们通过怎样的方式减肥、减肥的效果如何、她们为什么要减肥，这就是针对少数样本深入地了解细节。

假如你正在计划做一个用户访谈，一定不要仅关注你准备提出的问题。要知道，全面地获得信息并有效地进行分析不能只依靠提问，我们不妨看看还有哪些用户访谈的要点和具体的实施目标。

首先需要识别用户，即哪些人是你的用户（利益相关者）；其次要为用户目标进行优先级排序；一般访谈 6～8 个用户就能够发现绝大部分我们想了解的问题；访谈时间不宜超过一个小时，要考虑用户的耐心；访谈团队最好是固定组合，因为涉及数据更深度的关联与分析。

在开始用户访谈之前，首先会有以下开场白："今天邀请您体验这款App，想听取您对该App的使用感受和建议。在操作过程中，请告诉我您的真实想法，这不是我设计的产品，我只负责测试。无论是好的评价还是抱怨，对于我们都是非常宝贵的建议，这样我们才能知道问题在哪里，以便更好地改进App，使它更好用。访谈开始之前需要您签署一份保密协议，访谈过程会被录音，不过所有的音频资料都只会用于我们的设计，不会用于其他用途"。

我们必须从用户那里了解到哪些是他们关心的，但测试者在访谈中也要准备一些必要的问题，不是每个问题都有唯一的答案。首先，带着实践的眼光考虑一个问题：当你询问用户在某个特定情况下会怎样操作时，有多少用户能给出确切的答案？非常有限，因为让用户彻底地理解一个情境并想象他们的应对方式不是一件容易的事，问题的假设性会使用户堕入思考的漩涡。更惨的是，用户还必须在既定时间内想出答案，整个访谈将会变得更加混乱和仓促。

最好的办法是理解用户的整个使用过程及他们的期待，而不应该让用户回答一个个突兀的问题。假设我们现在要做一个有关导航功能的用户访谈，你问用户"你需不需要在预订酒店后使用导航功能"，对方可能一脸茫然。这个时候不应该执着于提问，而是要去理解。理解什么呢？你可以请用户叙述他平常使用软件进行导航的整个过程，听听他是怎么做的，其间你自然会得到很多不错的设计点子。

不要再问那些用户回答不上来的问题了，例如"您觉得这个App要做成iOS系统的还是Android系统的"。别问了，用户无法回答这种问题。任何涉及技术和设计层面的决定本来就不该抛给用户。实际上用户的需求只有一个：尽可能地减少使用中的麻烦。如果你想得知用户在使用手机时的舒适度，你完全可以问"您目前在用哪款手机？您觉得它有哪些优点和缺点"。基于用户的回答，你还可以追问用户希望它可以怎样改进之类的问题。

先确定目的，再提出问题。请牢记，在提问前先问自己"我问这个问题的目的是什么，能去掉这个问题吗，用户能舒服地回答这个问题吗"。第一个问题的答案必须指向设计改进的价值，在此基础上，如果后两个问题的答案分别是"不能"和"能"，那么就放心大胆地问吧，否则建议你还是再考虑考虑吧。

当你询问用户想要什么时，你其实是在让他思考解决问题的所有可能性，无疑这将使用户研究变得更困难。如果你做用户研究的目的是为了搭建还不存在的新产品或新功能，你其实是想知道究竟是什么原因造成用户无法使用现有工具完成任务，沿着这个方向，你才能设计出新功能或渐进地优化现有功能以帮助用户完成任务。

我总结了三个高效有用的用户访谈问题：你正在解决什么问题，用于收集内容信息；目前你如何解决该问题，用于分析工作流程；有什么方法能帮助你做得更好，用于发现机会。

1. 你正在解决什么问题

为了挖掘产品使用和问题产生的根本原因，我们不断地询问用户"你正在解决什么问题"。当你调研用户正在做什么时，收集背景信息非常关键，这将有利于你理解你的用户。调研收集信息包括用户工作的小组有多少人以及他们是如何在庞大的组织中分工合作的，这将有利于我们设定调研问题的范围框架，以便在该框架下使我们的产品更好地发挥功效。想象一下，你是一个工匠，难道你不想知道你当前的任务是修补墙上的一道裂缝还是修缮整间屋子吗？根据任务的不同，你需要选择不同的工具，这同样适用于用户访谈。当你知道用户正在解决的是什么问题时，要将这些必要的信息告知你的团队，他们都会感激你。探究问题的根本原因要问"为什么"，使用"为什么"的问法能让调研变得简单。通过反复问"为什么"，你将顺其自然地知道用户的工作流程或发现其中缺少的必要流程。使用此问法可以通过完善流程满足用户需求。

2. 目前你如何解决该问题

搞清楚工作流程和组织架构能帮助我们确定从哪里着手解决问题。在明确问题的内容范围之后，我倾向于发现用户当下是如何处理该问题的。问这个问题的好处是能够让我跟随用户的步伐，体会用户在处理该问题时有多么的痛苦。有时，用户会使用奇怪的方法解决问题以得到他们想要的结果。但其实只要稍微改善一下产品就能解决用户花费数小时甚至数周才能解决的问题。知道用户的工作流程也能让团队发现工作流程是否需要优化。

3. 有什么方法能帮助你做得更好

大部分调研在你思考此问题之前其实就已经结束了。这个问题能够让用户给你一些提示：在哪些领域他们最需要帮助。当然，这个问题也能帮助你确认或者推翻你的团队在产品架构方面所做的某些假设。如果你在一开始就跨过之前的问题直接询问用户如何才能做得更好，那么你只能得到一些意见却无法知晓他们是如何处理所遇到的问题的。乔布斯说过："设计产品是一件非常困难的事情，很多时候，只有在产品面世后，人们才知道他们想要什么”。这是你发现如何优化产品的机会，或者是用户宣泄解决办法的机会，或者是一直被忽略的问题。可能你会发现这个机会强大到需要调动整个团队去解决，也可能这个机会点其实已经被解决了，我们需要跳过它进而关注另一个假设。“有什么方法能帮助你做得更好”恐怕是“你需要什么”的另一种问法，所以，用户调研更倾向于让用户展示他们在工作的哪一个环节出现了问题，即让用户描述痛点，而不要问用户任何关于设计的问题，设计的问题需要交给专业人士定夺。

“有什么方法能帮助你做得更好”是前两个问题的引申，考察用户现阶段的解决办法是什么，从而帮助研究人员更好地理解用户处境，同时给自己带来一些灵感，所以从严格意义上讲，用户决定不会影响产品，而是属于信息收集与参考。在用户调研中，使用这三个基本问法能为团队高效地核实每一个假设，以至于能为用户提供长久的价值，而不仅仅是给产品打个补丁应付了事。

除了提问之外，我们还应该花充足的时间观察用户的整个操作过程，以获得更精准的研究视角。有时候，用户会使用你预料之外的方式完成一个任务。如果你get 到这一点，你就可以在设计产品时把这个“预料之外的方式”添加进去，从而提升产品的使用体验。以增加导航功能为例，用户可能会在导航的过程中改变出发点，那么你就可以考虑在软件中加入直接前往目的地的功能。

观察用户还有另一个重要的好处，那就是你可以了解用户的日常使用习惯，思考产品如何切入他们的使用场景。还可以观察用户会在你的产品上投入多少时间，他们在使用当中会遇到多少麻烦。这些问题在设计产品时都要考虑到。如果可能的话，在取得用户同意的情况下，可以拍下他们所处的环境，把这些图片打印出来，张贴在设计讨论区的显眼位置，它会提醒你留意用户所在的真实环境以及他们可能会有的情感。

3.2 可用性测试

在用户研究及可用性测试中，收集、整理及分析数据正在逐渐成为用户体验的常规工作。事实上，这已经成了一项关键的用户体验技能。

可用性测试可以让你了解目标用户是否能够很好地使用你的产品，它可以帮助你发现用户在某个界面中遇到的问题，暴露出一些用户难以完成的操作以及他们不理解的文案。通常一项可用性测试包含大量的准备和分析工作，它被认为是最有价值的研究方法，它能够同时提供定量和定性的数据，帮助和引导产品团队找到更好的解决方案。

但是这项工作并不简单。为了发现用户体验中的问题，用户体验研究员和设计师常常需要处理大量不完整、不精确且模棱两可的数据。通常一个由 5～10 人参与的可用性测试就可以轻松地暴露出 60 个以上的问题，多到让人无从下手。

而且，可用性测试的风险是当你尝试着解决问题时却发现走错了方向，得到了一些并不能真正解决当前问题的方案。这种风险在于已发现的问题和得出的解决方案有可能并没有什么联系。有很多不同的因素会造成这样的现象，包括决策疲劳和认知偏见。

怎样将可用性测试中的数据转化为切实可行的解决方案呢？为了排除前面提到的干扰因素，我们需要用有效的方法处理测试数据，以确保针对已发现的问题得出最有效的解决方案。

让我们借用一些在创意过程中使用的方法，其中最具权威的方法是英国设计委员会提出的双钻模型，即交替使用"发散-收敛"的思路，它是一种包含清晰定义、完整问题及解决方案的设计过程。

双钻模型分为以下四个不同阶段：发现问题、定义问题、构思方案、交付方案。是一个简单易懂的展示设计过程的地图。双钻模型是处理可用性问题并找出解决方案时需要建立的框架。

使用这个模型得到可用性测试结果的过程分为以下四步：数据收集、划分问题的优先级、产生解决方案、划分解决方案的优先级。

让我们看看每一步的操作细节，包括如何将其运用到实践工作中。我们需要运用一些基础的数学方法，如果这对你仍然没有帮助，你还可以使用便利贴和写字板等视觉化方法。

1. 可用性研究数据的收集

从你要研究的问题入手，第一步就是收集可用性测试产生的数据。数据的准备可以使你在之后的过程中更容易产生想法和见解，关键是要清晰地组织和整理数据，避免陷入杂乱无章的工作。在大多数案例中它需要有一个问题的识别系统，并标注出问题发生在哪里，如屏幕、模块、用户界面组件、流程等。然后了解用户正在参与的任务，并提供一个简洁的问题描述。

2. 划分问题的优先级

由于资源是有限的，所以有必要使用一种可以优化分析的方法定义可用性问题的优先级。通常每个可用性测试问题都有严重性评分，它受以下因素的影响：任务的关键性，即任务若未完成对业务及用户产生的影响；问题发生的频率，即在不同的参与者中这个问题发生了多少次；问题的影响，即对用户顺利完成任务的影响程度。为了分出优先级，需要通过几个步骤给测试中的每个任务设立关键性评分。简单来说，根据每个任务对业务或用户的重要性设置相应的分值。分值可以是一个简单的线性数列，如1、2、3、4等，也可以是一些更复杂的形式，如斐波那契数列（1、2、3、5、8等），就如同敏捷方法中用到的计划扑克。然后给任务中的每个问题设立影响力分值，如5分——障碍，即该问题阻碍了用户完成任务；3分——严重，即该问题导致用户产生了挫败感或者延误了任务的完成时间；2分——轻微，即对于完成任务的行为表现产生了较小的影响；1分——建议，即参与者提出的建议。通过百分比计算，用问题出现次数除以参与人数，得出问题发生频率。最终，将前文提到的三个变量相乘，计算每个问题的严重性。在这个阶段，我们对于这些可用性问题有了整体的了解，这将有助于团队找到优先级较高的问题，从而在接下来的流程中优化这些问题。

3. 产生解决方案

通常来讲，没有了通用的修改建议和具体的解决方法，可用性测试的总结并不算完整。有时解决方案十分明确，例如转移填写页上的某个组件的位置。而当问题没有那么明显或者存在多种解决方案时，情况就会变得复杂起来。哪一种解决方案更好，哪一种方案更加可行，实施验证方案的代价和收益是什么。在这里，传统的研究方法将失去作用。为了降低做出错误设计决定的风险，我们需要准备一些备选的解决方案并有效地选取过程。我们将使用在前期数据收集和优先级排列的过程中运用过的离散聚合方法，步骤如下：对于每个问题，需要准备大量的解决方案，即有哪些可以解决问题的方法。这里，我们需要和团队的其他成员合作讨论，包括开发人员、设计师、产品经理等；然后重新整理解决方案，确保描述得具体、详细，按需求合并或分解解决方案以避免冗余和抽象。详细的解决方法可以让评估更容易，例如，仅仅指出“避免露出位置的下拉菜单”不如给出具体的方案“把位置筛选放在筛选菜单”。标记出方案可能可以解决其他问题，在实践中，一个好的方案可以解决多个问题，好的解决方案是通用的。

4. 划分解决方案的优先级

类似于划分问题的优先级，我们需要按照一定的参数排列解决方案的优先级。敏捷团队对待这类问题非常严谨，他们通常使用商业价值和复杂性计算投资回报率。借用逻辑学的方法，我们可以使用以下步骤：计算出每个解决方案的效力值（有效性），越是严谨地处理问题，越能够得到好的结果；计算效力值的方法与敏捷方法中计算商业价值的方式差不多；每一个方案可以解决多个问题，将它们的重要性相加便可以得出该解决方案的效力值。简化解决方案的复杂度，实施解决方案需要什么资源，涉及的技术要求如何，怎样明确商业或用户的需求。换句话说就是需要付出的努力越多，存在的不确定性越多，解决方案就越复杂，这时需要把这些转化成像斐波那契数列那样的可以计量的数值。计算解决方案的投资回报率，这是成本与收益的关系，用解决方案的效力值除以它的复杂性即可得出，投资回报率越高越好。

我们从收集数据开始，然后根据严重性分值划分问题的优先级。接着，我们得出了这些问题的解决方案，最后根据 ROI 划分解决方案的优先级。

上文提到的方法涉及一些基本的计算，重复多次，所以最好使用电子表格或者便利贴和写字板工作，使用便利贴更加快捷和有趣。如果你的工作涉及敏捷方法或者设计思维，你就会理解我的意思。

各个团队在不同项目中使用这些方法时得出了以下观点：在处理比较大的研究项目时，问题的优先级可以让团队专注在真正重要的事情上，减少了不必要的认知挑战，例如信息过载、分析停滞、决策疲劳，节约了团队的时间和资源；端到端的工作流程可以使解决方案和可用性测试的输出更加一致，因为问题和解决方案相互匹配，降低了使用不太理想的解决方案的风险。

我们可以通过在线工具轻松地合作实施这个方法，了解这个方法的局限性也很重要。例如，在优先级阶段只关注了可用性问题，用户在测试过程中表现出来的积极态度以及行为并未涉及。建议分开记录这类数据，使用它补充和平衡测试结果。

使用双钻模型可以处理各种用户研究数据，并将上面的方法运用到各个项目中。

除了“双钻模型”以外，也有其他非常好的可用性测试方法。下面用图标的可用性测试举个例子。为了确保用户理解图标的含义和目的，在产品开发周期的各个阶段对图标进行多种类型的测试。设计师往往利用图标节省空间，以及实现视觉上的快速识别。随着小型显示设备，如智能手机、可穿戴设备等的普及，图标的使用频率也在增加。但这些图标的可用性如何呢？知道一个图标是否起作用的唯一方法就是进行用户测试。

不同的测试方法可以解决图标不同方面的可用性问题，但什么因素会影响一个图标是否可用呢？关于图标质量的 4 个标准是：可寻性、可识性、信息线索和吸引力。可寻性指人们能否在页面上找到该图标；可识性指人们能否理解图标代表的意思；信息线索指当用户通过图标进行互动时，他们能否知道将要发生什么；吸引力指图标是否美观。这些标准都会对最终的设计是否成功起到至关重要的作用，但在思考如何改进一个图标的时候必须分别考虑。

关于图标设计的评测有很多方式，采用哪种方式取决于你的目标和设计所处的阶段。这些方法可以被分为两个主要类别：脱离背景的测试和在背景中的测试，选择哪种类别取决于该图标是单独展示给用户的还是在真实界面中呈现给用户的。然而更重要的是，要根据你需要从测试中获知的信息更自信地用你的设计推进设计进程。同时请记住，即使采用的是脱离背景的测试，被测试者也应该始终是产品的目标受众，并熟悉整个行业和相关概念。

为了评估可寻性，图标必须被展示在它们的原生环境，即呈现在完整的界面中。背景中的测试可以帮助你明确是否存在多个过于相似的图标，以至于被测试者需要花较长的时间分辨它们，或者图标是否被隐藏在相似的背景色中或广告很多的地方，导致其被忽视了。

定位所需的时间测试是用来测量用户是否可以很容易地在一个完整的界面中找到一个图标或其他界面元素的最好方式。在这些测试中，被测试者必须点击或者触碰界面上的元素以完成给定的任务。测量人们需要用多长的时间才能成功地找到正确的图标，以及第一次点击的正确率，即人们第一次点击并选中正确图标的概率，错误的选择暗示着图标之间的差异并不足够明显，慢但正确的选择则属于可辨性问题。

测试图标的可识性最好在脱离背景的情况下完成，图标在没有文本标签或者其他界面元素的情况下被单独展示，用户必须猜出他看到的图标所代表的意思。这个测试的目标是保证图标是可识别的，而且人们可以很容易地推断出这个图标的作用。

通过一些通用的短语和术语获取用户最初始的关于图标的解释，如果用户的猜测和你设计的图标所想表达的意思并没有关联，那么就要放弃已经设计好的图标，然后从头再来。

如果你能确认图标将伴随文本出现，你可能会认为在测试的时候给用户呈现标签，然后让用户在几种可能的选择中挑选最能代表标签意思的图标是一种合理的测试方式。但我们并不提倡这种方式，因为在现实生活中，有的用户可能会忽略最终界面上的标签，而只看图标。因此，这种方式只对用户已经知道在一个界面上如何寻找一个特定的功能，并简单地尝试寻找匹配的图形的情况有意义。

图标测试最终想达到的目的不仅仅是让用户可以识别出这个图标代表了什么意思，还包括让用户可以推断出这个图标代表了什么功能。事实上，只要人们理解这个符号所代表的功能，那么人们是否知道这个物体具体是什么并不重要。只要年轻人能够一直明白“软盘”的方形图标代表“存储”,我们就不需要给他们展示一个真实的软盘。

同样,脱离背景的测试也可以用于测试信息线索的传达,但并不是简单地询问人们图标代表了什么,而是询问如果他们选择了某个图标会有什么情况发生。与测试图标可识性的方式不同,你应该提供关于该图标出现的与系统相关的背景信息。例如,被测试者可以被告知手提箱图标是某个电子商务网站的一部分,然后让他猜测在这样的背景中该图标代表了什么意思。请注意,不要给用户提供关于这个网站的外观的信息,以及任何关于这个网站的具体功能。这种大致的参考框架可以让研究人员了解通过图标提供的信息的心理模型与用户的预期是否匹配。

下面,A/B测试可以用来帮助设计师评估哪个候选图标具有更强的信息线索。在A/B测试中,一定比例的用户看到的是线上图标的一个版本,另外一部分用户看到的是另外一个版本,测量不同版本图标交互率的差异,以及用户点击图标后是否可以很快地回到原来的页面。如果用户点击图标后可以快速地回到原来的页面,则这种行为被称为探测,探测往往意味着较差的信息线索,它表明用户对点击图标后看到的内容感到失望,于是立刻回到了前一个页面。在选择最优的图标时,要确保不同的图标保持相同的位置和标签,以保证没有其他变量在测试的用户行为中产生变化。

除了测试识别性以外,也应该测试图标是否有吸引力,无论是单独被测试还是被当作一个图标组的一部分。使用图标的常见原因是为设计增加视觉吸引力,但并不是所有图标都一样好看。

最简单的吸引力测试方法就是让人们用1~7分给图标打分。如果你对于同一个图标有不同的设计方案,你也可以让人们从每一组方案中选出最有吸引力的一个,并让他们解释为什么喜欢或不喜欢特定的图像。最后,你可以向他们展示全部图标,然后让他们选择一个最喜欢的和一个最不喜欢的,这样做可以帮助你避免这个常见的问题,即你的图标大部分都是不错的,但有1~2个需要重做以更好地匹配整体的设计风格。

标准的可用性测试也可以揭露图标存在的问题。请记住,在一个标准的可用性测试中,一个图标会因为许多原因而被忽略,有些原因与图标本身的可用性无关。例如,用户可能在交互中或者在界面设计上被其他因素干扰,从而无法完成任务,即使图标的设计是导致出现错误的原因,也很难确定到底是图标的哪些特征出现了问题,到底是人们不能识别这个图标还是人们不能理解图标的含义,又或者是人们根本就找不到它。

例如，在对一个有争议的网站进行重新设计时，我们发现所有被测试者都没有与一个代表"最近浏览的网页"的时钟图标进行互动，但我们很难知道到底是因为他们没有注意到这个图标，还是因为这个图标在情境中没有传达出明确的意义。

因为受到了众多因素的影响，我们不应该把标准的可用性测试当作唯一一个确定图标的可用性的方法。

如同所有的 UX 研究方法一样，当你在对图标进行测试的时候，要考虑项目周期的阶段问题。在早期的概念阶段，要关注那些可以激发思考或探索众多设计方案的方法，在脱离背景的情况下测试图标的可识性和信息线索是最适合这个阶段的测试方式，可以确定图标的实用性以及打磨出符合心理模型的图标。在设计和执行阶段，要关注那些能不断引导你为系统设计出最好的图标的方法，一旦设计的图标是可识别的，就要重点采用脱离背景的方式测试图标的吸引力，直到明确的优胜者出现。一旦更多的 UI 元素被设计好了，就可以过渡到背景中的测试，定位所需的时间测试有助于量化一个图标是否容易被找到，以及确定图标在界面上的几个可选位置中的最佳摆放位置。从纸上原型过渡到具有更高保真度的版本，可用性测试可以给你提供图标的预期含义和可发现性。一旦系统或者功能上线了，测量系统或功能是否能成功运行并找出持续改进点是最合适的事情。可以周期性地用包含可用性测试和定位所需的时间追踪系统或者功能的表现。如果要持续提升某个图标的设计，A/B 测试是衡量图标的表现和确定最佳图标设计的最佳方式。

正如其他研究方法一样，一定要避免在测试中引入偏差。特别要注意在描述测试任务时使用的词语，因为它们很容易激起和图标相关的联想。尤其是在使用脱离背景的测试方式时可以考虑测试多次，然后用不同的词语描述测试的问题，例如使用同义词、忽略与品牌相关的词等，确保用户对任务的反应不受词语的影响。

并不是要使用所有的测试方法才能得到一个可用的图标设计，但是对于不同的目标和设计阶段，这些方法具有不同的作用。此外，每种方法都应该被反复使用，以逐步使图标设计更有意义，并找到图标在界面中的最佳摆放位置。

3.3 用户体验地图

用户体验地图是一项可视化技术，它能帮助用户体验设计师以及产品经理在理解用户与产品和服务产生交互时的体验。这是一个从用户视角了解问题的好方法，便于发现产品和业务在哪些地方缺乏良好的用户体验。

用户体验地图非常形象地确定并组织了用户会或者可能会与你产生的接触，这些交互被称为接触点。

创建用户体验地图是理解用户与你的公司或产品的交互的最好办法，这个地图也揭示了你可以在哪些地方如何改进用户体验。体验地图提供了一个框架，根据这个框架，你可以提高用户的满意度、忠诚度，最终获得更大的利润。

创建用户体验地图并不是一种新现象，这个活动已经存在了很多年，但是随着公司越来越注重用户体验，它也越来越受到重视。用户体验地图是指利用各种图标、图片和其他视觉线索挖掘出每个用户的接触点，所以你可以看到一个用户从他开始关注你的公司到他使用你的产品并获得售后服务，一直到他将你的产品推荐给其他人的全过程。用户体验地图不仅仅呈现体验路径，更重要的是它展示了不同部门是如何一起工作的，以及你的产品在每个接触点上是如何提高或者降低用户体验的。

接触点可以用不同的方式画出来，如使用便利贴或制作流程图等，而且不会有两个看起来一模一样的用户体验地图。但是，不管它们看起来是什么样子，它们必须包括以下这些从用户反馈中收集的元素。

1. 接触点列表

反映一个用户接触或者被接触产品的所有途径的列表。例如广告、网站、邮件、账单、销售人员或者客服人员、零售店、社会媒体等。

2. 关系点

在客户与你的关系中，各个接触点会发生在这段关系的哪些地方。在知晓、信息收集、思考、选择、满意、忠诚和拥戴提倡的各个阶段会呈现出哪些接触点。

3. 商业原因

从操作的角度来看，各个关系阶段中为什么会有这些接触点存在，例如旅行、提供支持、收取费用等。

4. 客户影响

从客户的角度上来看，为什么会存在这些接触点，如为了将你与竞争者区别、获得重复销售、创造忠诚度等。

5. 效力

各个接触点增强或者减弱了客户的体验吗，在每个接触点上用户的期待是什么，你满足他们的期望了吗，他们有什么感觉，你希望他们有什么感觉，有冗余的或者是没有必要的接触点吗，哪些接触点是收益最多或者最小的。

在走查这个地图和用户使用路径的进程中，你肯定会挖掘出一些关于用户、流程以及整体操作的无价的洞察。

伴随制作地图的挑战是将所有数据与调查组织成一个图表，这张图表不会产生一堆纸张，因为最好的地图是保持事情的简单与直观。最好的地图是一目了然的视表图，给决策者与利益相关者展现出哪里是痛点、哪里有最好的体验，它为用户总结每个接触点的反馈，指出哪个接触点有缺陷或者成功的过程是由哪个部门负责的。

地图可以在员工当中和组织内部形成很好的分享，所以人们可以看到他们是如何产生影响并推动变化的。地图显示出的用户体验会根据他们与你的业务接触点的不同而不同，例如在线支付和线下支付，最好的地图为所有的产品线或者业务线都提供了这些东西。最好的地图将帮助你更好地理解你的用户和你的业务，它将帮助你加强用户关系，知道你的所有接触点是如何影响你的底线的，并且最终促使你改进它。

用户体验地图的使用方法非常简单。收集用户数据，然后研究数据，把整个漏斗拆分成几个步骤，从不同角度描述每个步骤，例如商业目标、用户目标、接触点、用户的期望和痛点、用户的想法和感受等。

用户体验地图主要用于发现用户在使用产品的整个过程中的问题，它是一种研究整体的方法，因此只关注其中一段并不完全恰当。同时，它也是一个寻找个性化的方式。

用户体验地图是一种研究工具，探讨随着时间的变化用户是如何与商业、品牌和产品进行互动的。正如你所猜测的那样，每一个用户的体验都是各不相同的。然而，他们的体验可以概括成一个体验模型，这样就可以预测用户可能发生的交互行为了。

用户体验地图对用户体验设计和市场营销都很有帮助，它可以帮助公共业务团队理解在销售、物流、配送等阶段中所接触的每一位用户，反过来又有助于打破“组织孤岛”，创建以广大用户为中心的业务流程。

用户体验地图也可以用来教育人们，当用户与业务互动时，可以帮助我们了解用户的所想、所感、所见、所听和所做，也可以为我们提供一些有意思的“假设”和可能的答案。

虽然数据能够提供有力的证据，但仅仅依靠数据是不够的。为此，你需要查找与用户体验相关的各种资料，你可以通过采访或在社交媒体上与用户交流获得资料，用户也会主动把他们的一些体验发布到社交媒体上。一定要收集这些信息，因为它们将成为用户体验地图中有用的参考点。

要与那些每天和用户打交道的一线员工交流，例如技术支持、销售人员。这也是一条理解用户需求的有效途径。深入的细节研究将会受到时间及预算的限制，如果你的组织有许多不同的用户群，想要为每一类用户都提供详尽的用户行程可能会比较困难，因此请把研究重点放在主要的用户群上。

你可以根据用户行程合理有据地推测出你的潜在用户。你可以与其他一线员工及其他利益相关方一起进行专题研讨。虽然这种"快速而随性"的方式并不精确，但这总好过什么都不做。

一定要弄清楚在调研的背后能发现什么、不能发现什么。基于假设做结论是很危险的，一旦调研结束，就可以开始创建地图了。

调研方法有很多种，例如用户角色和观察记录，还可以加上行为研究、调查问卷、竞品分析。

最有效的体验地图通常会配合用户角色以及情境故事一起制作。每个体验地图都应该呈现某个特定产品的目标使用者的真实特性，同时该使用者应该有明确的任务和目标。

观察记录、行为研究、调查问卷、竞品分析都具有同一个目的，即获取大量真实、可靠的原材料。体验地图上的每个节点所对应的内容并不是拍脑袋想出来的，而是应该经过长期的用户研究获取资料。所以，也可以说体验地图是用户使用问题的有效梳理方式。

一般来说，格式是带有用户体验时间线的信息图，但它也可以简单到只是一个故事模板，甚至只是一段视频。用户体验地图并无定式，你可以使用任何能够清晰表达整个故事的形式。目标是为了保证故事在人们的头脑中占据核心位置，可以让设计师绘制出信息图，从而保证它尽可能的清晰且能吸引人们的注意力。不管是什么格式，地图应该既包含统计学的证据又包含事务型的证据，它应该强调用户需求、遇到的问题及与组织交互过程中的感受。制作一张清晰的地图是一项设计工作，使设计师可以找到正确的制作方式。

不要复杂化。你很容易会陷入用户可能采取的多种路线中，这只会让事情变得一塌糊涂，信息图并不意味着需要画出用户经历的每个细节。相反，它应该以最简单的方式聚焦人们对消费者的需求。

举个例子，一个连原型都还没有的产品，我们希望从情感的角度了解自己的产品应该为用户做什么，因此协助团队开始设计产品功能。我们的体验地图可能在每个节点的位置高低是纯感性的，再通过理性的分析，我们希望改善自己的服务体验，体验地图可以是用户的心理模型，也可以是服务流程中收集到的问题，每个节点位置的高低是由事实说明的，是理性的。接下来需要对产品的目标用户群体做分类，不同身份的用户角色会对应不同的体验流程。此时需要根据不同的用户角色制作多个不同的体验流程图，最后，重合的部分就是此次设计中需要具体改进的地方。

以一个互联网产品为例分解步骤，背景是我们准备在订单详情页增加一个导航功能，目的是更好地研究用户使用导航功能的行为，我们使用用户体验地图作为设计指导。

第一步：整理原始材料。

根据之前的线下和线上调研、用户观察、用户访谈等，我们获取了大量的用户预订行为中的问题和惊喜，将它们以便利贴的形式整理出来，并区分问题类别。

第二步：在写字板或者纸上写出用户的行为流程。

注意：每个行为的接触点都是中性动词，要尽量细化，用词要精准干净。

第三步：画出情感坐标，并把行为流程置于中性线。

第四步：把搜集到的问题和惊喜放到对应的行为节点上。惊喜放在上面，问题放在下面。

第五步：根据问题和惊喜的数量以及重要程度理性地判断每个行为接触点的情感高低并连线。

注意：判断重要性是一个略带感性的行为，此时要基于用户角色，询问自己这个用户角色对这个问题的在意程度有多少。当一个行为接触点可能产生两个结果时，例如高兴或不高兴，要优先考虑不高兴的情况，因为我们并不是要做一件歌功颂德的事情。

综上所述，一个体验地图就完成了，我们要如何获得结论呢？看看地图中的最高点，为它多做一点事情，将它推到极致。再看看地图中的最低点，思考能不能把其他体验值高的步骤分摊一部分到这里，以均衡体验情感。若明显看出选择出发地的导航行为是走低的，而前面的寻找导航功能是持续走高的，那么此时就可以郑重考虑把更多的精力放在选择出发地的优化上。看看地图中体验值中线以下的点，对应竞品分析别人是如何解决这些问题并设置惊喜的，你就可以有效地制作出一个用户体验地图了。

3.4 用户行为

我们一直认为软件设计对用户使用该软件时的行为有着深远的影响。从两个方面来讲就是有意地让“正确”的操作更容易，以及有意地让“错误”的操作更困难。

无论是有意还是无意，一款软件只要这么做了，就都会导致一个无法改变的事实：每个人都喜欢最小阻力的路径，要学会掌握这个路径。

事实上，我们一直在说谎，并不是因为我们是坏人，恰好相反，我们必须经常对自己说谎，因为这是一种生存机制。但如果你觉得我们应该每时每刻都完全诚实，这就只能看机会了。我们对自己说的善意的小谎言有着更深层次的含义。你可能听过这个寓言：有一天，彼得把自己锁在了屋子外面，他打电话叫来了锁匠，锁匠停下卡车之后，念了一段咒语，仅用了一分钟就把锁撬开了。这个家伙为什么能够这么快速、容易地打开门？锁匠告诉彼得，门锁只是用来让老实的人保持诚实的，1%的人会一直诚实，绝对不偷东西；1%的人会一直不诚实，总想撬开你的门锁，偷你的东西，如果他想要进入你的房子，门锁根本阻止不了他。门锁的作用是阻止另外98%的人，如果没有门锁，他们可能也会试图打开你的门。

我之前听过一个相似但不太贴切的说法：10%的人永远不会偷东西，10%的人一定会偷东西，剩下的人则视情况而定，视情况而定的这部分人对于人性的研究有着至关重要的作用。如果说大部分人的诚实是视情况而定的，那么人们的诚实到底取决于什么呢？大部分人会长期且持续地"只骗一点点"，由于这种欺骗的程度很低，他们仍可以认为自己是诚实的人。控制欺骗的因素并不是法律、惩罚和道德伦理，令人惊讶的是，这些因素对人们的行为几乎没有影响，而有影响的是他们自己是否仍然觉得自己是诚实的人，因为他们并不认为这是欺骗行为，他们觉得只是自己稍微偷了点懒，享受了一点点帮助。难道不是要通过努力工作争取这些吗？难道不是所有人都应该偶尔得到一些好处吗？难道不会有人贪恋这些微不足道的好处吗？这样的自我欺骗其实还有很多。

这些善意的小谎言就是最小阻力路径，它们无处不在。如果法律、法规、严酷惩罚和道德伦理都不起作用，如何鼓励人们做真正诚实的行为，并且让他们感觉到自己做了件诚实的事呢？感觉这是一种很模糊的东西。

但这比你想的更容易。我们做了一个实验，邀请了450位参与者，并把他们分为两组完成我们的常规任务：一半人被要求回忆李白的诗《静夜思》，另外一半人被需求回忆他们在高中时读过的10本书。在被要求回忆10本书的小组中，我们观察到了普遍、典型但轻微、适度的欺骗行为。而在被要求回忆《静夜思》的小组中，我们没有观察到任何欺骗行为。我们重复做了实验，这一次让参与者回忆学校的诚信守则，而不是诗句，我们得到了相同的结果；没有任何欺骗行为。好消息是，在人们被欺骗试探的时候，一个简单的提醒就能立马唤醒人们的诚实。

根据使用者的经验，大多数人不喜欢阅读说明书、常见问题和教程，大多数人没有时间或倾向使用最少的时间完成任务。所以，你如何帮助像我们一样从来没有时间看这些东西的人？他们实在是太忙了。你可以这么做：在用户正好需要帮助的时候为他们提供最低限度的提示，这就是用户行为的及时理论。虽然常见问题、教程和帮助中心很好，但是谁有时间读呢？我们总是处于中间的那部分人，你的软件越能实施有用的及时提醒，你越能在人们最需要的时候更好地帮助用户，所以这样做并不是为了那些已经阅读了常见问题和帮助的人，而是为了那些从未读过任何内容的用户。我们使用这些提醒并不是因为我们认为人们是愚蠢的，恰恰相反，我们使用它们是因为我们认为人们是聪明的、文明的、有趣的。事实证明，每个人在一段时间内仅需要被提醒一次，就能让一切更好地进行下去。

随着互联网逐渐融入生活的方方面面，购买过程也转移到了线上，智能商务正在适应并意识到要读取数字化行为语言所反映的用户期望并对其进行响应的必要性。

作为一名用户体验设计师，工作中接触过许多不同类型的用户行为和在线决策过程。尽管每位用户都有差异，并都带有个人风格，但有六种常见的行为模式已被辨别，我们将其称为在线人格类型。在这里，我们将讨论这六种行为模式，解释行为的心理动机，并提供一些网站优化建议以便在线商务能运用它们调节各种人格类型的期望。

1. 愿望清单罗列者

首先是“这里有如此多我想买却不能买的东西”的矛盾。我发现这种模式大多出现在女性身上，且主要发生在电商网站。用户花了大量时间和精力仔细挑选他们想要的商品并放入购物车。但问题是他们从来不购买这些东西。

是什么原因导致了这种行为？与现实生活中的购物车不同，在线购物车增强了拥有感，因为用户可以随时添加和移除商品，即使用户关闭了网页，这些商品仍然保留在购物车内，用户可以随时打开购物车并查看他们的虚拟商品，在用户每次进入网站查看时，所有心仪的商品都在他们的私人购物车中，用户会觉得自己拥有了这些商品，这成了买不起这些东西的安慰。

该如何影响这类用户的购买决策？鼓励愿望清单罗列者完成购买的一种方法是：在他们访问网站时，将其购物车里的1～2种商品打折，并用一个弹出窗口提醒他们：“今天是您的幸运日！您选择的商品正在打折”。这种意想不到的私人打折活动有助于增强“如意算盘偏差”，即让个人愿望影响主观判断。这给消费者带来了一种“老天希望我买下这件商品”的感觉。

2. 品牌导向型访客

这类访客只关心大家谈论的最新潮流，他们的购买决策完全取决于一款产品是否被誉为顶级品牌，他们的关注重点在于产品的情感属性，如颜色、配饰和吸引人的图片等，他们的在线交互行为围绕着产品：切换产品的颜色，查看可以添加的不同配饰。

是什么原因导致了这种行为？品牌导向型访客是人们所说的冲动型买家，他们的购买行为的触发点是由情绪唤起的，所以他们试遍了不同的颜色和配饰以想象拥有这些商品的感觉。理性的因素，如价格、实用性和易用性对他们是否购买的影响很小，他们用感性的自我满足替代了理性的消费活动，结果是购买了不实用、非必需的商品。

该如何影响这类用户的购买决策？成功的商品页面知道如何调动消费者的情绪并使其兴奋。为了促进冲动消费，商品信息应该隐藏在一个标签下，只在被需要时展开，而不主动展示给访问者。此外，网站应该利用情绪系统的偏好应对微妙的暗示，用多彩迷人的图片激发用户情绪，从而使品牌导向型用户仅凭感觉就可以直接购买你的产品，而不是在详细阅读信息后再考虑是否购买。

3. 理性访客

与品牌导向型访客相反的是理性访客，他们买东西只有两步：第一步是排除不符合他们的首要标准的选项，通常是价格；第二步是用成本效益分析挑选剩下的商品。

是什么原因导致了这种行为？理性访客觉得在决策过程中必须客观观察和理性分析，他们为行动寻找了合理的理由。比如，他们不会仅因为“我的这辆车已经用了5年，太久了”而更换运作良好的汽车。理性访客需要一个坚实的理由采取行动，主观想法和情绪完全不会出现在他们的购买决策中。

该如何影响这类用户的购买决策？你的网站必须为理性访客提供用于评估决策的所有信息，支持他们的决策过程。例如，一家电信网站会提供不同手机之间极其详细的功能对比信息，如屏幕尺寸、分辨率、价格等，这样消费者就会觉得自己能做出最明智的决定。

4. 完美主义者

这类消费者总是执着于在所有选项中做出完全正确的决策，他们从头到尾地浏览了所有商品，只会在足够满意时才做出选择。无论是一辆50000美元的车还是一张5美元的二手CD，完美主义者在看完所有选项之前是不会做出购买决定的。

是什么原因导致了这种行为？完美主义者极度害怕做出糟糕的购买决定。实际上，大多数时候他们无法承受不买任何东西的焦虑，而当他们做出决定以后，他们又常常对自己的决定感到后悔。请记住，这个决定不是基于实用性的，它可能是基于外表、安全特性或其他标准的。

该如何影响这类用户的购买决策？多家电子商务网站对访问者行为的观察已经表明，当用户面临大量的选择时，完美主义者不可避免地会感到挫败，没有买任何东西就离开了。因此，企业必须明智地限制给这类用户提供的商品数量，用诸如过滤的方法限制页面每行只显示5个商品，同时提供1个默认商品或建议商品。

5. 知足者

知足者与完美主义者正好相反，这类用户会选择能满足他们的最低需求或当前需求的第一个产品。我们观察到这些用户从网页顶端开始往下滑动，在找到匹配的商品后会立即停止滑动并购买该商品，不管其他选择还有多少。

是什么原因导致了这种行为？对知足者来说，时间就是金钱，他们不想浪费时间寻找最好的选择，他们宁愿利用这段时间做其他事情。所以当他们的要求被满足时，他们就会立即采取行动。但这不意味他们能轻易地被满足，他们的标准可能非常高，但是他们一旦找到符合标准的选择，他们就满足了。

该如何影响这类用户的购买决策？帮助知足者的最好方法就是筛选，这可以让他们直接跳至最符合他们需求的选择，这与百货商店里的售货员的作用是类似的，售货员往往会说“请告诉我你想要的颜色和尺寸，我拿给你”。零售网站可能也会通过品牌、用途和情感（浪漫、性感或趣味）摆放他们的商品。

6. 犹豫不决者

犹豫不决者通常会将心仪的商品放入购物车，但是总要再三考虑才会点击“购买”按钮，他们花了很长的时间点击不同的标签，比如查看尺寸、查看评论等，然后才将鼠标悬停在“购买”按钮上，就好像他们在等着网站说服他们点击一样。

是什么原因导致了这种行为？风险规避的性格特点最可能导致这种线上购物行为。犹豫不决者试图避免因为做出错误决定而后悔，容易对大量的选择感到困惑，并体现在生活中的各个方面。

该如何影响这类用户的购买决策？犹豫不决者在购买过程中需要尽可能多的

激励，他们必须完全确信自己做出的是一个正确的决定，这需要在他们做出每一个小决定时提供持续的反馈和赞美。解决该问题的方式之一是采用积极的措辞，比如，订阅页面可以用“你刚刚做了一个正确的决定”或“你已成为我们的高级用户”鼓励他们，而不是用大多数网站所用的中性措辞。积极的措辞具有遗留效应，那就是犹豫不决者从鼓励性反馈中所获得的感觉，使整个体验朝向了积极的一面，让他们在购买过程中感觉良好。同时，网站设计应该限制他们反复思考、决定的机会，这可以通过减少支付页面的数量实现，或者在支付开始时不允许用户返回。

游戏规则已经变了。你未来的客户很可能会通过网站和互联网搜索并评判你的产品，这远远早于你的销售人员。实际上，打给销售人员的电话很可能是买家购买流程中的最后环节，这明显限制了长久以来销售人员驱动购买的影响力和专业技能。随着电商的发展，销售人员会越来越少地面对面接触客户，因此他们缺失了对于客户购买欲望的洞察。

为了在新的数字化时代取得成功，智能商务正在适应并意识到读取“数字化行为语言”所反映的用户期望并对其进行响应的必要性。这个新的行为语言揭示了用户的线上行为，比如浏览、点击率、停留时间和滚动等。跟踪这些行为可以让公司快速地知道消费者的心理需求，从而更好地促使他们做出购买决策。

3.5　用户画像

我曾经听说过这样一个故事：一个自主创业的70后大叔制作了一个面向90后的产品，在平时的工作讨论中，他每次都说“我认为、我觉得、我的体验”，最后他的朋友提醒他：你太把自己当用户了。大叔说我就是我的用户，我是首席产品体验官，天天在体验产品，每出一款新产品，都是我用得最多。但恰恰是因为这样，体验越多反而离得越远，为什么？因为他不是用户，他怎么能体会到90后的心思呢？

用户是一个很抽象的概念。我们都知道要以用户为中心，但在互联网产品中，我们并不和用户真正地面对面接触，很多时候用户看起来只是构成DAU的一个数字而已。在讨论中，大家往往只是因为不好意思说出自己的观点，所以要借用户的名义阐述自己的观点。要想设计出优秀的产品，我们首先要搞清楚用户是谁，我们在为谁做产品。

绘制用户画像是一个很不错的途径，用户画像是针对产品服务目标群体的真实特征的勾勒，是真实用户的综合原型。

为了让设计师更有同理心以及更准确地抓住需求，并情景交融地设计出产品和服务，我们需要将用户研究中的人、相同目标以及行为模式进行归类，结合事件发生的具体场景用生动的讲故事的方式描述出来，这就像一出舞台剧的上演，需要道具（产品）、布景（使用场景）以及活灵活现的人物角色（用户画像）。

完整、有价值的用户画像通常包含以下三个要素。

① 定义故事的主角、他的态度、他的价值观和行为动机，以及他现在有什么样的痛点。

② 定义故事发生的地点以及背景，交代故事是在什么样的情况下发生的，用叙事的描述方式表达在这样的场景下主角是以怎样的行为应对事情的。

③ 定义在此背景下主角究竟想要什么、他的目标以及背后的动机究竟是什么，解释为什么他会有这样的行为。

只有清楚地定义用户画像才可以帮助设计师融入情境地解决根本问题，设计出更好的产品和服务。

用户画像是真实用户的虚拟代表，它是基于真实的，但它不是一个具体的人，还可以根据目标的行为和观点的差异将用户画像区分为不同类型并迅速组织在一起，然后把新的类型提炼出来，形成同一个类型的用户画像。一个产品大概需要4～8种类型的用户画像。

用户画像的PERSONA七要素如下。

- P代表基本性（Primary），指该用户角色是否基于真实用户的情景访谈。
- E代表同理性（Empathy），指用户角色中包含姓名、照片等和产品相关的描述，该用户角色是否引用同理心。
- R代表真实性（Realistic），指对于那些每天与顾客打交道的人来说，用户角色是否看起来像真实人物。
- S代表独特性（Singular），指每个用户是否是独特的，彼此之间是否有相似性。
- O代表目标性（Objectives），指该用户角色是否包含与产品相关的高层次目标，是否包含关键词以描述该目标。
- N代表数量性（Number），指用户角色的数量是否足够少，以便设计团队能记住每个用户角色的姓名以及其中的一个主要用户角色。
- A代表应用性（Applicable），指设计团队是否能将用户角色作为一种实用工具进行设计决策。

这个画像完成之后，要有代入感、同理心、真实性，画像的用户不是虚拟出来的，而是通过真实访谈得到的。

A用户和B用户一定要被区别开，不能有大规模的重叠，否则就没有了独特性。某个场景下的痛点一定是与你的产品目标相关的，不能调查出一大堆你解决不了的痛点，这根本没用；然后还要保证数量性，保证样本足够多，同时还要有典型的代表性。

调查出来的用户画像一定要能为产品写出故事。典型的用户画像就是这样：他叫阿力，注意是“他”不是“她”，但是一定要有一个头像，头像是真实用户的虚拟代表，还包括用户的社会属性，有特别丰富的内容，尤其是人性动态，这是打动用户的一个特点，我们不单要把用户的自然属性和社会属性划分出来，而是要洞察用户的人性，这是一个典型的例子。

把这些用户画像画出来以后，你的产品经理应该除了这些人以外，其他人都不认识才对，这样就避免了很多杂音和干扰，做出来的产品才准。

然后你可以反过来再看看你属于哪类用户，我们的创始人、产品经理属于这类用户吗？80%是不属于的，除非你做了一款属于自己这一年龄阶层、收入阶层的产品，才有可能高度重叠，但是基本上大部分都不重叠，所以创始人千万不要把自己当成用户。

用户画像能清晰地揭示用户目标，帮助我们把握关键需求、关键任务、关键流程，能看到产品必须要做的事，也能知道产品不该做的事。用户画像是一种很好的用于决策、设计、沟通的可视化交流工具。

第4章 以用户为中心的设计

要让用户对他们的购物体验感到满意，他们才会变成你的品牌的忠实粉丝，帮助你扩大市场份额，这就是用户体验设计的美妙之处，你的用户是你取得成功的关键。优秀的公司会为他们的用户提供非凡的体验，以获得用户的忠心和拥护。

4.1 以用户为中心

很多年前，单凭高质量的产品就能获得源源不断的生意，成功来源于公司专注地给市场提供可靠且高质量的产品或服务。但是今天似乎并没有那么简单了，大部分的品牌已经变成市场机器，只会通过抄袭与他人竞争，而非在自己的产品和服务中做到以用户为中心。在现今的商业大环境中，产品的差异化被当作一个噱头，不再被认为是成功的重要因素。

随着人们生活水平的提高和生活方式的改变，这种状况也慢慢地发生了变化，产品和服务的设计正在更多地考虑、融入用户的习惯和偏好。比如用户在决定买东西之前会习惯性地在商店里闲逛。现在的用户不再受到必须在本地购买和雇佣的限制，他们有权力和意愿选择符合个人价值观的产品和有意义的经历。

现在的企业开始专注于产品或服务设计在商业模型中的用户体验，而不是一味地强调市场和销售策略。他们的成功鼓励了大部分商人重新思考他们的商业模式。专注于用户体验和设计给商家提供了一个更有意义的区分产品的方式。甚至有人预测，用户体验会替代价格和产品成为品牌差异的主要标志。在垂直领域胜利的商家将会是那些把用户体验从一般提升到卓越的人。

用户体验设计是一种专注于提高用户体验质量和贴心度的产品或服务设计。在用户与产品或服务交互的时候，用户与产品或服务交互的每一个接触点都要经过设计，并基于品牌承诺传递体验，这就要求公司要根据线上和线下的真实体验编写故事，把品牌带进生活。

体验设计不只是一种像广告活动或在线 App 那样的媒介，而是一个通过创造出有效的交互让用户和品牌紧紧联系在一起的策略。这意味着每一个产品、服务和行动都是为了创造超出预期的体验而设计的，从你的包装、功能、App、网站、传单、结账体验和用户服务条例到你的员工是如何服务用户的、他们的穿着打扮、店铺装修风格、味道和声音等，这些仅仅是用户体验设计中要考虑的一些细节而已。这是一种策略，让公司中的每一个人都投入到创造统一的用户体验的环境里，这让用户在使用产品或服务的过程中每时每刻都能感到惊喜。

令人满意的用户体验可以带来良好的口碑效应。23%的有过良好体验的用户愿意把这个产品或服务告诉 10 个以上的朋友。

伟大的用户体验就是将目标和同理心注入公司的每一件事情中。麦肯锡研究表明，70%的购买体验来源于用户的感受和他们被对待的方式，大多关于产品是否关心用户以及是否注重与用户的交易。

关心用户的产品并不需要用努力证明，只要创造一个愉快的时刻就可以了。这些时刻并不需要大举措，比如全家便利店提供 24 小时营业，其实一些温馨的小时刻就足够了，用户体验会在品牌承诺中生根发芽。

用户体验设计有着用户高于一切的理念，是增加公司估值的有效方式。任何一个品牌，不管是 B2B 还是 B2C 都要做到这一点。只要用户对他们的购物体验感到满意，他们就会变成你的忠实粉丝，帮助你扩大市场份额，这就是用户体验设计的美妙之处，你的用户是取得成功的关键。优秀的公司会为他们的用户提供非凡的体验，以获得用户的忠心和拥护。

如何评估你设计的网站是成功的还是失败的？评估结果不仅要侧重于可用性，更要强调成功和失败的网站设计在哪些方面有区别，这意味着这些区别能直接影响、转化、激活用户的参与度。

我们的顾客是通过互联网发现我们的吗？他们是在网上发现我们的产品的吗？这是所有产品体验的起点，发生在用户来到网站之前，它可以用来测量网站的易发现性。为此，我们把总数据分为两类，一类是直接流量，另一类是搜索我们所销售的产品的流量。如果两组流量数据都是令人满意的，那么我们就可以排除网站的搜索引擎定位和酒店的搜索引擎定位存在冲突的可能性。

用户是否能快速了解我们能提供什么、我们是谁以及我们推崇的是什么？一旦用户进入网站，他们应该能够马上意识到以下三个关键点：我们提供什么商品、我们是谁、我们推崇什么。我们销售什么，网站是否快速地传达了我们所销售的商品，在这里买东西有什么优势，是否能够识别出我们的价值主张，我们是谁，我们的品牌的存在感和识别度是否够强。在不用翻滚页面或产生交互的情况下，用户就可以快速回答上述问题，这是让首次访问的新用户留在页面、减少跳出率、进行没有任何操作行为的访问的核心目标。

我们的用户能找到他们想找的商品或者发现他们暂时没有在找的商品吗？对于任何一家网站来说，关键点在于用户是否能找到他想要的东西。我们必须区分用户主动找到商品的能力，以及他们发现网站提供潜在商品的能力，这是指我们如何促使用户不用搜索也可以找到商品，或者是我们如何引导用户搜索和浏览新商品。另外，这一点也要求用户能够流畅地浏览网站，且毫不费力地找到所需信息，所以信息架构和网站导航也要纳入思考范畴。搜索流程通常是用户通过浏览分类列表或使用关键字搜索完成的。通过智能推荐系统、关联或互补商品以及任何导向发现商品的游戏机制帮助用户发现网站的商品资源。

用户做决定容易吗？通过提供商品的必需信息以及方便用户轻松选择商品的交互设计促使用户做出决定。我们的目标是既减少用户的认知负担，也减少用户理解信息的困难程度，同时减少用户的操作动作，比如点击次数、操作步骤等。这里需要将商品描述得清晰且有条理，包含详尽的必要信息和足够多的商品图片，商品的各种规格要可见，比如大小、颜色等。我们要为用户比较各类商品提供便利，提供商品的用户评分与评论、商品价格、是否可订、预计确认时间，鼓励用户将酒店添加到收藏夹。

你是否使用了足够多的唤起用户行动和施加购买压力的策略？酒店预订网站的另一个关键点在于促使用户在每次访问中都完成预订行为，避免用户延迟预订。要实现这一点，促销策略、唤起用户行动以及各种各样提升转化的策略都很重要，比如提供特价优惠活动和仅剩几间的信息激励。使用交叉销售策略为用户推荐他们预订酒店的补充品，例如为预订了酒店的用户推荐周边旅游景点；让促销优惠量化，例如支持免费取消等。使用价格手段让线上销售额超越线下实体店，一些可采用的手段包括：仅适用于线上预订的优惠、特殊的折扣以及仅在线上售卖的酒店。用制造紧张的策略给用户制造紧迫感，例如仅剩几间房或促销截止时间的提示。

我们能为用户提供一个顺畅、简单、安全的购物体验吗？可能在酒店预订网站体验中最重要的就是整个预订流程是否顺畅、简单和安全。这涉及整体预订流程中的所有因素：从进入网站、搜索、浏览列表到详情页的填写、用户注册登录、用户信息填写、用户信息核对等。要考虑以下几个重要的方面：不强制用户注册，或者至少在用户走到流程的最后一步之前不强制其注册。到了预订的最后环节，用户的预订动机更强，放弃预订的成本更大。核对信息环节所需的认知度以及每个步骤的复杂程度要调整得恰如所需，不仅要减少步骤，更要让每个步骤更简单。整体流程是线性的，要避免过程中的跳出。要把预订的不同步骤以及用户当前所处的步骤明确地告知用户。页面设计要简单，不能会分散用户的注意力，要让用户集中精力完成预订。修改房间数量或退出操作也要简单。

我们是否给用户提供了正面的售后体验，并能使用策略吸引用户复订呢？你使用了其他哪些渠道接触用户并激发他们回访网站？大部分酒店预订网站都利用电子邮件、短信或推送通知作为频繁接触用户的渠道，并鼓励用户回访网站。这类沟通方式可以用来推广特价优惠和促销活动，也可以告知用户他们可能感兴趣的酒店、新的获利机会或者新闻类的消息。

你是否使用策略挽回了放弃注册或者放弃预订的用户？该策略可以解决以下问题：用户在注册后没有后续动作；用户中途放弃预订；用户注册到一半时放弃预订。大部分酒店预订网站使用电子邮件、优惠券或特价促销等策略尝试挽回上述用户。这些情况下，策略成功与否主要取决于这些信息的质量。

用户在预订或者注册过程中是否感到舒服和安全？尽管酒店预订网站越来越多，线上预订的消费者也越来越聪明，你仍不能忽略那些帮助网站传达信赖和信誉的指标，从而提升网站的转化率。提供如下一些建议：网站中含有传达信任的元素，例如安全标志、信任标识等；在恰当的时候提供商品保证和退款信息；提供多种联系客服的方式；清楚地说明安全和隐私政策；提供酒店政策及位置的详细信息。

我们是否要提供一个必要的机制保障客户服务更加敏捷、有效且个性化？一些指导意见如下：要方便用户联系你；尽可能提供多种联系方式，满足用户的需求和偏好；提供一个与用户高度相关且经过合理组织的常见问题；向用户展示你理解他们的需求；正面和负面的反馈都要听取并采取行动。

以上这些建议在衡量用户体验或者在设计的开始阶段是需要重点考虑的，听取这些提高用户体验的建议无疑会为你带来回报，同时也会为品牌的持续发展提供坚实的基础。

4.2　用户体验指标

用户体验的概念自问世以来便得到了广泛的应用。通常来说，用户体验就是客户与企业及其产品和服务的所有互动的整体质量，包括但不限于客户服务、产品交付、产品使用、广告、品牌、销售流程、定价。好的体验能带来客户的忠诚，甚至有“忠实客户的价值是新客户的价值的10倍”这样的说法，这足以见得改善用户体验的重要性。

在这之前你要先知道，客户在心中是如何看待用户体验的。在每个人的生活中，关于用户体验的调研并不罕见，包括中国移动、中国联通等呼叫中心在完成问题解答后的满意度调查，银行柜台业务办理后的满意度评分，航班上的满意度调查问卷，甚至淘宝店店主“亲，给个好评吧”的呼唤，这些环节都是在做客户满意度调查，少部分涵盖了客户推荐度调查，但都属于企业在对客户进行用户体验的评估。

除了上面提到的客户满意度（Customer Satisfaction，CSAT）和净推荐值（Net Promoter Score，NPS），还有一个比较新兴的研究方向，就是客户费力度（Customer Effort Score，CES），但这些都属于用来跟踪和评估用户体验工作的有效性指标，接下来就这三个核心指标，探讨它们是如何使用的以及它们之间的区别。

1. 客户满意度

这应该是最经典的衡量指标了。随着市场竞争的愈发激烈，各行各业对客户满意度都愈发重视，在生活中的方方面面都可以看到关于客户满意度的调研。

CSAT要求用户评价对特定事件或体验的满意度，通常使用五点量表，其包括5种选择：非常满意、满意、一般、不满意、非常不满意。

通过计算选择4分和5分的用户的所占比例得出最终的CSAT值。CSAT的好处是简单且扩展性强，例如在客户打开某个登录页面或拨打客户电话之后，我们都可以设定一个CSAT题项进行测量。但在这个过程中，一定要注意问题的便利性和复杂程度，时长通常不要超过3分钟，并且最好能够通过赠送积分或者抽奖的方式向参与评价的客户表示感谢。

在分析结果时必须考虑“深层原因”。设想一下，如果一个客户对产品或者服务的某个环节满意或不满意，那么大概会是由哪些因素造成的？这些因素之间的关系或权重分别是什么？以此可以得到我们需要关注的具体细节。

当然，CSAT也存在以下几个问题。

首先，人们很容易在中等范围内回答问题，如果无法引导客户真正地参与评分，那么样本结果很可能无法给企业带来真实的反馈，这些反馈对进一步的提升完全没有帮助。其次，即使在客户满意度很高的情况下，你依然有可能遭遇到客户的拒绝，这是因为满意度并非直接与客户忠诚度相关联。试想一下，虽然你的客户得到了很好的服务，但是他们可能仍会对需要自己联系客服感到不开心。

2. 净推荐值

净推荐值最早是由贝恩咨询企业的客户忠诚度业务的创始人弗雷德·赖克霍德

(Fred Reichheld)在 2003 年提出的,它通过测量用户的推荐意愿了解用户的忠诚度。

净推荐值的调研比较简单,只需要问一个问题：您是否愿意将某企业或者产品推荐给您的朋友或者同事。根据愿意推荐的程度让客户在 0～10 分之间打分,并根据打分情况划分以下三种客户。

(1) 推荐者(Promoters,打分为 9～10 分)：他们是具有较高忠诚度的人,他们会持续购买并向其他人推荐。

(2) 被动者(Passives,打分为 7～8 分)：他们感到总体满意但并不狂热,会考虑其他竞争对手的产品。

(3) 贬损者(Detractors,打分为 0～6 分)：他们感到不满意并对你的企业没有忠诚度。

净推荐值=(推荐者数/总样本数)×100%-(贬损者数/总样本数)×100%。

NPS 询问的是意愿而不是情感,对用户来说更容易回答,相比于 CSAT,这个指标更为直观,NPS 不仅直接反映了客户对企业的忠诚度和购买意愿,而且在一定程度上可以反映企业当前和未来一段时间内的发展趋势和持续盈利能力。

如果调研发现净推荐值的得分在 50%以上,则可以认为客户对你的感知较好;如果净推荐值的得分为 70%～80%,则证明企业拥有一批高忠诚度的客户。

与此同时还需要注意,因为调查所反映的是客户的推荐意愿,客户可能会因为各种原因而给出不够准确的答案,打了高分的客户也可能没有动力付诸行动,净推荐值不能完全取代客户满意度调查,你也很难直接操控 NPS,最好将其作为客户满意度调查的一部分,如果你提高了客户的满意度(CSAT),那么它将会反过来提高你的净推荐值(NPS)。

3. 客户费力度

回想你最后一次和客服打交道的情景,假设在一次在线购物后,你发现你购买的产品存在缺陷,你需要先给企业打电话,紧接着要把存在缺陷的产品给他们寄回去。对于大多数企业来说,客服部门都有完善的售后处理流程与客服话术,用来提升客户满意度,然而即使你对这一次的售后经历感到很满意,你也很有可能不会再与这家公司打交道了,因为每当你回想起他们的产品时,你总是会忍不住地回想起那次不顺畅的售后经历。

与其费尽心思地为客户提供“满意”的客服经历,我们不如想想其他办法,让问题的解决能够更加简单快速。许多公司都已经意识到简单快速意味着减少客户流失,企业必须能够让客户不费力、无须努力、简单快速地与他们打交道。

客户费力度这个概念于2010年在《哈佛商业评论》中被提出，按照字面意思理解，客户费力度是指让用户评价使用某个产品或服务解决问题的困难程度。1.0版本的客户费力度的问题是：为了得到你想要的服务，你费了多大劲儿？评分从1(非常低)到5(非常高)，最好在用户刚刚做完操作时询问，否则用户可能会忘记自己完成操作的实际体验。现在比较通用的是2.0版本，其提出的问题是：企业让我的问题处理过程变得简单了吗？客户的选项包括强烈不同意、不同意、稍微不同意、中立、稍微同意、同意、强烈同意。

Oracle的一项研究表明，82%的人会把他们的购买经历描述为“花费了太多的努力”，CES背后的理论就是想办法减少客户为了解决问题而付出的努力。CES可以帮助你找到优化的方向，使你更容易理解应该在哪里进行改善，较低的费力度也与客户续签直接相关，可以增加客户的生命周期价值。

一般情况下，先利用客户满意度衡量客户对产品或服务的体验反馈，当这套标准的价值到达临界点时，就应该尝试使用客户费力度，将其作为满意度的扩充，以便更充分地评估用户体验。

用户体验的评估是一个长期、变化、复杂的过程，使用哪些指标并不能直接代表评估手段的先进与否，更重要的是衡量指标是否可以涵盖用户体验的所有环节。

更重要的是，得出结果后一定要继续洞察，对各项指标结果产生的原因进行深入探讨和挖掘，找到提升的方法。比如客户费力度这个指标，通常这时客户已经碰到了问题，比如不会使用产品或者在使用中出现了错误等，我们需要向前追溯，找到是否在某个环节中有帮助我们在该问题上减少客户费力度的方法。

实际上，在SaaS以及更多的订阅模式中，用户体验逐渐被用户成功替代。CSAT和NPS也被用于衡量客户健康度，作为客户流失风险的指示剂。

4.3 数据在设计中的运用

大多数的设计是为了解决问题，如何判断问题是否解决了以及解决得好不好？如果你的设计所产生的影响是可以被量化的，那么就有一种相对客观的评价方式：看数据。

要想有效地利用数据验证设计，首先要向自己提两个问题。

(1) 在设计前，如何知道需要监测哪些数据以辅助验证设计效果？

(2) 怎样通过数据判断一个设计的好坏？

数据指标主要通过用户体验质量和产品目标确定。

(1) 用户体验质量：你想要观测设计哪些方面的效果。

(2) 产品目标：基于你想要观测的这些方面，按照目标-标志-指标的顺序确定数据指标。

(3) 目标：你希望设计在上线后在哪些方面达到什么样的效果。比如，trip.com的搜索功能的关键目标是让用户在搜索时能够快速找到最相关的城市或酒店。

(4) 标志：目标确定了，那么什么信号标志着设计达到或未达到目标呢。比如trip.com在预订酒店方面的标志就是用户从填写预订信息到支付所花费的时间。又比如搜索功能失败的标志是用户在点击“搜索”按钮后没有点击任何推荐结果，而是重新搜索。

判断是否达到目标的标志可能有很多，这时候要结合实际情况取舍。比如这种标志追踪起来方便吗，它能随着设计的变动而观察到明显的变化吗等。

(5) 指标：指标比标志更加实际，它很接近我们获取到的原始数据。比如，将用户在tirp.com填写页上停留的时间用指标体现就是每日人均在填写页停留的分钟数。

通过目标-标志-指标流程，再结合用户体验质量，就能清楚地知道需要验证设计的哪些方面，以及需要关注哪些数据以达到目的。

2010年，一位澳大利亚设计师打算做两件事：一是写一本书，二是重新设计他的个人网站。设计网站时，他想用数据指导设计决策，于是他做了个A/B测试。A方案在网页上非常详细地介绍了他将要写的这本书，然后留了一个可填写邮箱地址的输入框；B方案没有任何关于这本书的介绍，只写了“如果你是设计师，你应该对这本书感兴趣，请填写你的邮箱地址”。

测试结果出人意料，A方案只收获了33个邮箱地址，而没有任何介绍性内容的B方案却收获了77个邮箱地址。于是这位设计师又惊又喜地写了一篇博客，描述了他的实验过程，并感叹数据总能让人们惊讶，甚至能告诉人们与经验相反的东西。

可是，根据这个实验结果可以推断出B方案更好吗？

这位设计师衡量成功的标准看起来是“收到更多的邮箱地址”，而不是“能卖出多少本书”。假如以销售量为标准，现阶段的数据无法得到“B方案比A方案更好”的结论，因为你不知道将来给这两组人发送推销邮件时，哪一组人的购买率更高。

这个实验的数据是不完整的，如果搞错了目标，再精确的数据统计也只能得到误导性的结论。

当我们谈论一家公司或一个产品是否够大时，基本都会基于单一的数字，比如过去一个月的使用者数量，但我们很少细究到底什么是“使用”，这难道不奇怪吗？

和那些盲目喊着要扩大用户数量和规模的产品不同，对于阅读类产品来说，有人真正地花时间阅读才是一件意义重大的事情，因此它更关注人们的阅读时间而非访客数量或浏览量，通过衡量时间成本，它反映的是产品带给用户的价值。如果UV很高，但用户在网站上平均停留的时间很少，几乎没有阅读什么东西，那么这对于一款阅读类产品来说并不是一件值得高兴的事。

KPI式的价值观常常给人带来误区：数字即规模，规模即一切。可以看到，许多产品因为用户数量的剧增曾备受瞩目，但最后大多都以失败告终。也许有时候，我们应该更加关注我们所创造的事物的深度而非广度。数字很重要，用户数量也很重要，但相比这些，我们更应该想清楚对于一个产品来说它的核心价值是什么，究竟什么才是最重要的。

数据在设计中的重要性不言而喻，它让设计师对产品和用户有了更宏观的认知，能让我们拿出更客观的理由证明自己的设计为什么好。

下面是一些有关如何运用数据设计界面的思考。

我们在平时的工作中可能会有这种感受：最开始的时候，你有可能并不清楚自己的用户在哪里，如图4-1所示。

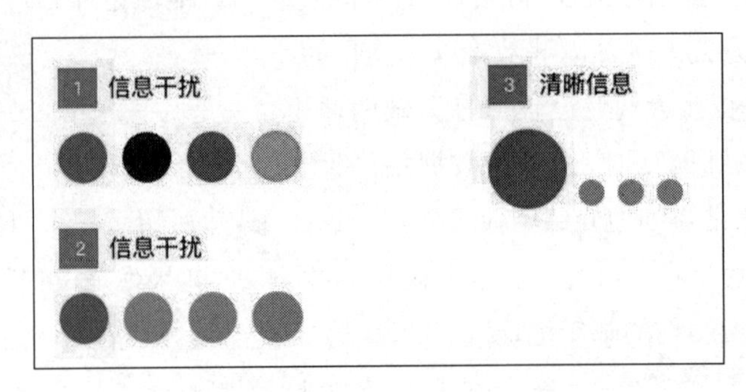

图4-1 信息设计(1)

通过挖掘，我们可以把核心信息比作红色的圆球，但是当核心信息出现以后，可能你的领导常常要求多加一些功能以便覆盖更广泛的人群，这些多加的功能往往会给核心功能造成很多干扰，影响用户对信息的解读。这种现象是很常见的，我们应该如何解决呢？如图4-1所示，在梳理出核心信息后，要对剩下的三类信息进行淡化处理。不过这并不理想，非核心信息还是占据着核心信息的空间，可以参照图4-1中的3进一步弱化非核心信息，使核心信息进一步突显。这样做可能无法覆盖所有用户，但是可以抓住最主要的用户。

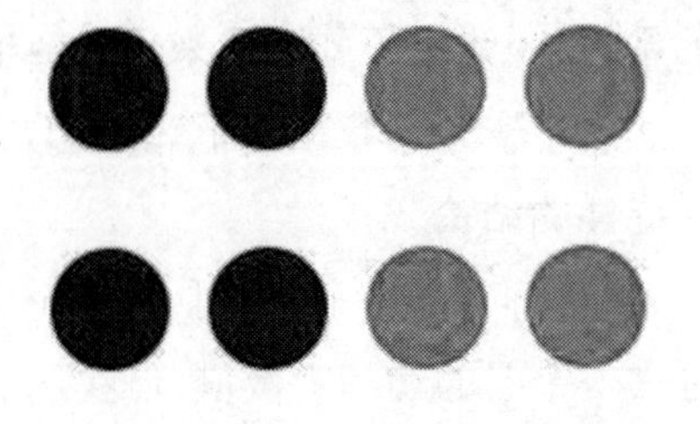

图4-2 信息设计(2)

以图4-2为例，假定A用户喜欢黑色信息，

B 用户喜欢灰色信息，而现实情况是灰色信息对 A 用户而言是干扰，黑色信息对 B 用户而言是干扰。遇到这样的情况，应该如何在界面上设计两种信息呢？如果要覆盖更多的商业利益，那么就要用大数据解决这个问题。

真正的大数据应该是“来自未来的信息”。所谓来自未来的信息就是提取过去的信息和今天的信息，通过综合分析得到未来的信息。下面通过一个具体的商业案例说明什么是未来的信息。

我曾经在一家电商公司任职产品经理，那时我做过一个关于商场的项目，目的是通过收集商场内用户的购买停留时间做精准广告推送。

首先建立一个场景：一个 20 岁的大学生经常去徐家汇的某个商场中的耐克店闲逛，如图 4-3 所示，他看到打折的商品便可能会购买，我们的手机 App 可以记录他的停留时间，得出他在耐克店的停留时间最长，那么当他再一次来到商场的时候，App 就可以根据之前的信息进行精准推荐，这个推荐是基于一连串具有关联性的数据得出的，这就是来自未来的信息。

图 4-3　耐克店

有了数据，我们就可以根据数据进行设计了，下面看一个盒饭和果汁的例子，如图 4-4 所示。

图 4-4　盒饭和果汁(1)

在全家便利店中有这样一种现象，在一张购物单里往往会同时出现盒饭和果汁两种商品，分析发现这些购物单多数来自午饭时间和晚饭时间，分析认为可能是因为盒饭含有盐分，容易导致口渴，同时盒饭不能满足维生素的补充，喝果汁有利于补充维生素。于是全家便利店决定把盒饭和果汁摆放在一起，这一举动取得了极大的成功。这是一个正面的例子，但如果我们不这样做行不行呢？

先建立一个场景，如图 4-5 所示。假设用户购买了盒饭，在结账的时候向购买了盒饭的用户推荐果汁或者向购买了果汁的用户推荐盒饭，这是一种很糟糕的体验，虽然盒饭与果汁依然具有关联，但是这种行为给消费者造成了干扰。

图 4-5　盒饭和果汁(2)

4.4　数据驱动设计

在设计网页的过程中，通过分析用户使用网页时产生的行为数据，以及使用 A/B 测试对比不同页面设计的优劣的方式，经常被统称为数据驱动设计。

在实践中，要想落实数据驱动设计，选择正确的参数很重要。我们很容易统计出基本的流量参数，比如网页整体浏览数量或者独立访客的数量，将它们作为基础参数能很好地反映网站的整体运行情况。但是，如果用来评估网站的用户体验，这些参数就不太有效了，因为这些数据很宽泛，并且通常不会与产品的用户体验的设计质量或者项目目标有直接的联系，所以你很难通过它们反映问题。

有一种把大规模数据分析作为用户体验研究的方法，它可以更有效地挑选和定义能够反映以下内容的合适参数。

(1) 幸福感。反映用户态度的指标，通常使用问卷搜集该数据，例如满意度、易用性、净推荐值。

(2) 参与度。用户参与的程度，一般通过行为参数衡量，比如访问频率、访问强度或者在一段时间内用户与网站交互的深度。例如，每周独立用户的访问量或者平均每日用户上传照片的数量。

(3) 接受度。产品或者功能的新增用户数量，比如过去 7 天新建立的账户数量或者使用自助服务的用户占比。

(4) 留存率。再次访问网站的用户占比,比如一定时期内的活跃用户在一段时间后还留有多少。人们一般对不愿意再回来的用户更感兴趣,通常称之为流失率。

(5) 任务完成率。包括传统的用户体验行为参数,即完成一个任务的时间;有效性,即完成的任务的比例;错误率。这些指标对注重交互流程的任务很有用,比如搜索或上传等。

以上方法可以应用在不同级别的项目中,范围为从整个产品到某个特定的功能。比如,我们可能对填写页整体的转化率感兴趣,也可能对筛选或导航等核心功能感兴趣。

我们经常会被问道:独立访客的数量不是就足够说明问题了吗,为何还要计算接受度和留存率?计算一段时间内的用户访问数量绝对是很重要的,但如果同时计算接受度和留存率,就可以更清晰地把新用户从老用户里区分出来,这样就可以知道网站的用户基数到底增长得有多快,这对于新的产品和功能以及改版都很有帮助。不必将所有指标都转化为参数,只选择对当前项目最重要的指标即可。

别指望靠头脑风暴简单地列出一长串的参数清单,这虽然很快但却很难细化,而且难以排列优先级。理想状态下,你希望得到一些全部组员都关心的关键参数。为了确定这些参数,你要从更上一个层级开始先确定目标,然后选择那些能反映出距离自己的目标又近了多少的参数。

要清晰地表达出项目的目标可能没有想象中的容易。比如,对于今日头条来说,最重要的目标就是参与度,他们希望用户能喜爱其所观看的视频,并能发现更多他们想看的视频和频道。对于产品中一个特定的项目或功能,可能会有和产品整体不同的目标。对于今日头条的搜索功能来说,最重要的指标是任务完成度,即当用户输入搜索关键词时,目标是希望他们能简单快速地找到最符合的视频或频道。

一个常见的误区就是将参数当作目标。"好吧,我们的目标就是增加网站的流量"。是的,每个人都希望增加流量,但应该如何通过提升用户体验实现流量增长呢?是增加现有用户的参与度还是吸引更多的新用户呢?

团队中的不同成员可能会对项目目标有不同的想法。设定目标的过程是让大家达成共识的绝佳机会。

要将目标落实到信号这个较低的层次上。怎样通过用户的行为或态度判断目标是否成功呢?比如,今日头条的参与度信号可以是在网站上观看视频的用户数量,但是另一个更好的信号可能是用户观看视频的时长。任务完成度指标失败的信号可能是用户在输入一个关键词后却没有点击任何一条搜索结果。

通常，针对一个特定的目标会有大量潜在的有用信号可以使用。一旦有了备选指标，就需要暂时停下来做一些研究分析，以帮助选择。

首先要衡量跟踪每个信号的难易程度。产品中有用来记录用户相关行为的地方吗？如果没有，可能做到吗？可以经常性地在产品中开展一些用户调查吗？如果想了解成功完成任务的指数，一个可选方法是在可用性基准研究中大范围地使用指定用户任务的方法。其次，应该选择那些对设计变化比较敏感的信号，如果正在收集潜在的有用信号，则可以分析手头上的数据，并尝试哪些信号能更及时地响应它的目标。

一旦选好了信号，就需要进一步完善它们，直至将它们变成可以长时间追踪的信号或在 A/B 测试里可以使用的信号。在今日头条的例子里，或许可以使用"每个用户每天看视频的平均分钟数"作为"用户花多长时间看视频"的参数。

参数在很大程度上依赖于特定的项目情况，但是就像在"信号"中一样，一个给定的信号可以指定很多个可能的参数，同样需要通过对已收集到的数据进行分析以决定最合适的参数。或许需要对原始数据进行标准化，使它们的意义更有代表性，比如使用平均数或者百分数。

"目标-信号-参数"需要对各种各样的参数进行优先排序，要最先跟踪那些与最高目标相关的参数。避免在信号列表里增加一些"看起来有趣"的属性，在增加一个属性之前，请想一想你真的需要长时间地追踪它吗？持续关注那些与你的目标有紧密联系的参数，以避免不必要的精力消耗和统计的混乱。

如果网站的设计能够通过大规模数据的反馈进行修改，那么就需要一些反映网站用户体验状况和网站主要目标的参数。

4.5 订单详情页的设计

订单详情页是用户每次进行线上交易时都会遇到的流程，了解订单详情页为企业带来的好处是可以给用户打造良好的体验。

我们都知道网站的首页代表着企业和用户的关系开始建立，但订单详情页是什么呢？这两个节点在企业与用户最重要的互动方式上是齐头并进的，但订单详情页得到的关注太少，甚至被企业忽略。订单详情页到底是什么？为什么它如此重要？

订单详情页被描述为企业与用户在客户旅程结束前的互动。不管用户是永远结束与企业的关系，还是仅仅结束这一次的交易，订单详情页都是用户对交易的最后印象。

订单详情页的设计体验可能不会起到立竿见影的效果，但这并不意味着这个过程可以被忽略。事实上，不友好的订单详情页以及完全糟糕的订单详情页体验所带来的损失是非常严重的。

即便设计了绝佳的首页体验，网站依然会因为糟糕的订单详情页体验而流失用户。许多用户会因为他人的好评而忽视糟糕的首页体验，但糟糕的订单详情页体验仍会给他们留下阴影，以至于他们不愿意再次使用或推荐该产品。

这是因为当用户面对订单详情页时，他们有可能已经向企业提交了个人信息或支付了费用，他们会担心企业如何处理他们的信息和费用。这就是订单详情页与客户服务关系密切的原因，如何才能让用户感觉到他们的信息不会被泄露给第三方以及他们的钱花得值得？

对于订单详情页来说，不但要继续提供优质的客户服务，还需要融合其他主要流程的界面元素，比如酒店信息、房型信息、填写信息。如果没有这些元素，你无法告诉用户他们已经成功完成了交易并可以离开了。

另外，你需要考虑什么样的互动意味着客户旅程的结束。一些操作可能标志着用户与网站的最后一次互动，比如完成预订、完成支付，但这些往往不是客户旅程的终点。尽管这些操作也有离开的意思，但还有一些行为是需要被优先考虑的。

离开一个网站就像离开一家商店，有时网站上没有你想要的东西，但这并不意味着以后你不会再回来。然而，针对无法预测的行为设计订单详情页是很困难的，用户没有直接退出的步骤，他们可以点击“返回”按钮或打开一个新的网站，甚至直接关闭浏览器，这些操作都不需要再和该网站产生进一步的互动。

一些网站在用户尝试退出的时候会出现退出意图弹窗，试图通过提供一些优惠券或折扣说服用户停留。一些人可能会认为只要出现弹窗就是糟糕的体验，因为弹窗打断了用户的操作过程，出现了用户意想不到的情况，Google 上的一篇文章似乎支持这一观点，侵入式弹窗会影响移动网站的用户体验。然而，在 Google 的标准中，退出意图弹窗不属于侵入式弹窗，因为它只有在用户离开网页的时候才会出现，正确使用退出意图弹窗可以起到挽留用户的作用。

当你在酒店预订的过程中决定离开时，一张弹窗推送的优惠券可能就会让你改变想法，这不仅是因为网站提供了 15%的优惠，可以打消你因为价格而打算离开的念头，而且该弹窗提供了一个倒计时，这样你就可以明确地知道优惠券的时效，弹窗给出了两个明确的选择按钮，让你选择使用优惠券或者将其存入账户。

然而，Agoda 的一个类似通知的设计却不受欢迎，弹窗中的行为召唤按钮会告知用户是立即付款还是延迟付款，用户很容易因为害怕错过弹窗的重要信息而从填写页返回到酒店详情页再次确认。弹窗的意图重在收集用户反馈，而不是让用户完成结账，这对任何一方来讲都不是有效的设计。

用户取消服务的理由有很多，可能是他们想用其他企业的服务，也可能是你的服务对于他们来说价格太高，或者是他们不需要这项服务了。但不管什么原因，通常都标志着用户与企业关系的结束。

取消一项服务是典型的多步骤操作，每一步骤对于订单详情页都至关重要，其中一个争议很大的步骤是在页面顶部或者底部出现 NPS 调查。调查信息的收集关乎企业的成败，用户的反馈可以帮助企业转变业务模式，并在未来留住更多的用户，但如果操作不正确，也可能会造成用户的流失。

相比之下，Booking 的调研方式的风险更大，因为其将 NPS 调查放在了订单详情页的顶部，尽管只有一个选择题和一个填空题，但是选项数量很多，而且填空题有字数限制，这就足够使本来只想确认自己订单状态的用户望而却步了，问卷的结果很容易因为选项的模糊而导致出现偏差。

对于一些真正乐意帮助企业变得更成功的用户，他们是非常愿意填写在预订过程中遇到的问题的，不管你收到的是积极的反馈还是消极的反馈，这对进一步了解用户的想法是十分重要的。

在用户的预订流程中，除了订单详情页以外，还有邮件。Booking 的售后邮件展示了企业该如何恰当地回应用户的反馈。邮件直接称呼用户的名字，发送者是公司的某一个个体而非公司全称，这样会使用户感觉到自己不是在和一个法人单位沟通，而是在和一个真实的人对话。另外，邮件提到了调查中用户反馈的意见，让用户感受到企业在未来改进服务时会考虑他们的反馈。通过告诉用户你重视他们的意见，并让一个真实的人联系用户的方式，你会建立起用户忠诚度，并可能因此重新赢得活跃用户。

与离开一个网站类似，退订邮件并不总是代表着用户与企业关系的结束。与取消一个服务类似，退订邮件的过程通常包含一个简短的调研。当用户决定退订邮件时，他们面临的第一个问题通常是“退订”按钮容易找到吗。“退订”按钮越难找到，他们就越想找到，这就是为什么“退订”按钮需要被放在邮件的最后，并且需要清晰地标注出“退订”链接。

如果用户不打开订阅邮件会怎样呢？就像你不想让用户主动退订邮件一样，如果用户忽略了邮件，企业既浪费了时间又浪费了成本。既然这样，最好确保不活跃的用户退订邮件。

设计预订后的流程的难点在于体验的质量是主观的。一些用户更愿意推荐一个企业或再次使用服务的理由可能恰恰是另一些用户决定离开的原因。

并不是说设计预订的流程体验没有通用的方法，只是说明了不同的人对相同的规则会有不同的解读。通过分析在线预订的各种假设情形，我们可以总结出以下原则。

想象一下你正在酒店预订平台在线预订酒店，在支付时，你无法找到填写优惠码的地方，而是只看到一个"预订"按钮让你进行下一步操作。点击这个按钮后会发生什么？是直接预订成功了还是要去支付页支付费用？当你不确定接下来的步骤到底是什么时，你就会更加不愿意继续下去，尤其是你想要在付款之前做点什么的时候，比如收藏一个酒店订单或使用优惠券。

Expedia 提供了另一种截然不同的结账体验，它不仅将各个步骤都呈现在了不同的界面上，而且还清楚地标出了下一步或者完成预订的操作，这样你就可以知道点击当前按钮后并不会直接付款了。

当用户明确地知道他们处在结账的哪一步时，他们更有可能走到最后一步。确保每一步骤的标记清楚，保证所有选项都很容易发现，你就能扫清用户操作中可能遇到的歧义，这是打造一个好的预订体验的第一步。

不幸的是，即使你已经通过含糊不清的过程预订了某一家酒店，你也未必能顺利地结束整个预订过程。如果你的酒店订单被取消了，那么你可能会收到以下信息：您的预订失败了，给您带来的不便我们深感歉意。

任何交流都胜过没有交流，但取消用户订单后必须和他们强调两点：他们的钱现在在哪里？为什么酒店不能预订了？如果你没有回答用户该做什么，也没有解释为什么预订失败了，那么用户可能会感觉自己做了一个错误的决定，那就是不该在这个平台预订酒店。

通过邮件说明酒店满房，并为用户提供退款，不仅如此，还可以为用户提供一些备用选项。用户可以通过链接查看其他预订途径，也可以进入客户服务中心解决其他困惑。

这种回复可以让用户验证他们的选择，让用户知道尽管他们未能按计划预订到酒店，但酒店会承担相应的责任并尽可能地弥补，这样客户更有可能再一次购买，这是另一类标志性的好的预订后体验。

一旦预订被搁置或取消，客户通常会联系企业寻求帮助，他们一般通过订单详情页或者网站上的"联系我们"进行操作。最简单的提供确认的方法是使用感谢页面，即用户在网站上提交表单后，跳转到另一个界面告诉用户他们已经收到反馈，这不仅可以让用户知道企业已经收到了他们的反馈，会及时给出回复，而且还提供给用户一个电话号码，如果用户想要更快地得到回复，就可以拨打这个电话号码，同时，在用户等待的过程中可以为其提供有趣的阅读材料供他们消遣。

以上提及的几点在提供确认时都非常重要，因为它们既消除了歧义，也验证了用户信息。总体来说，在用户离开时要为他们提供参考。

订单详情页是用户每次完成在线交易时都会遇到的场景，有时仅是客户旅程体验中的一个小步骤，用户甚至不会意识到，因为这一过程在线上并没有受到充分的重视，客户离开时的客户服务水平不会因为线上或线下而改变。

最后，预订过程中和预订后的体验设计都是为了让用户感觉更舒服，这样才能提高用户回到网站的概率，让用户再次购买产品或订阅你的邮件，或在网站停留得更久，看到更多的信息。将自己置身于用户的角度，想想自己需要什么，然后将你自己想要的体验提供给用户。

第5章　设计思维

最高层次的设计思维可以重塑你看待世界和解决问题的方式，其中的关键就在于移情，即弄清楚需要解决的真正问题。

5.1　创新设计

说到设计思维，不得不提到蒂姆·布朗，他是世界创意公司IDEO的总裁兼首席执行官。2008年，他在《哈佛商业评论》上发表的文章中说："像设计师一样思考，不仅能改变开发产品、服务与流程的做法，甚至能改变构思策略的方式。"

他在书中写道：很多消费者对设计师是怀有期望的，都希望你能从黑帽子里变出兔子。在这本书中，兔子指的就是设计思维，所谓设计思维，就是站在客户的角度，以设计专业理论为基础，整合多方知识，利用头脑风暴与科学工具解决问题的创新过程。书中讲了三个主要内容：以人为本；将自己变成消费者重新体验；把你的故事传播出去。

在产品设计前期，我们需要多了解客户与市场创新的需求，从而找到潜在的需求。彼得·德鲁克先生有句妙语：设计师的工作是将需要转变为需求。简单地说，无非是弄清楚人们想要什么，然后给他们就行了。帮助人们明确地表达那些甚至连他们自己都不知道的潜在需求，为他们提供问题的解决方案，这才是作者真正提倡的以人为本的设计思维。

四季酒店有一项政策：工龄满6个月的员工有资格入住全球范围内的任何一家四季酒店，并以顾客的身份体验豪华酒店的服务。因为员工在体验中能从换位思考的角度为酒店的服务提出种种合理的建议。同样，身为设计师，如果不对设计的项目，比如酒店预订或者机票预订有所体验的话，又怎么能设计出令顾客满意的作品呢？

美国红十字会希望利用设计思维把献血人口数量从3%提升到4%，于是他们找到了IDEO。IDEO究竟是改善献血的硬件设施还是升级献血站的视觉标识系统呢？都不是，他们通过观察发现，很多人是带着强烈的个人动机而献血的，他们要么是为了纪念去世的家人，要么是代表某位曾因接受献血而被拯救的好友。他们的故事往往有声有色，甚至促使朋友、亲戚、同事也前来献血。就这样，IDEO在设计献血登记时，会发给人们一张卡片，要求他们写下自己的献血故事，并把这些卡片贴到公告栏上。这一很简单的流程设计便把献血率大大提升了。

面对复杂、开放和不断变化的挑战，企业认识到持续创新是保持先进竞争力的关键。这就是为什么我们需要寻找能驱动创新的方法以及与众不同的思维方式，产生和激发创意的能力在团队中成了重要技能。

我们经常会错误地认为好的想法是偶然"蹦"出来的。更糟糕的是，我们会陷入一种思维陷阱——创意是与生俱来的，有些人有，有些人没有。所以我们会出现自我否认。然而，这些想法是不对的。每一个人都可以想出新想法，你只需要学习如何打开脑洞并发散思维。产生创意的标准方法主要是组合或调整已有想法，这确实可以带来一些新的想法。这些方法可以促使你的大脑建立起新的联系，从全新的角度思考问题。

这些方法虽然特别有效，但是只会在丰富的背景知识的支撑下才能起作用。这意味着如果你没有好好地准备有关该问题的足够多的信息，即使使用这里罗列的方法，你也很可能想不出一个好主意。这些方法可以应用于团队设置和头脑风暴的会议中，以激发创造力。

所有人都可能会陷入某些思维模式，打破这些思维模式可以帮助我们摆脱思维定势并产生新的想法。有几种可以用来打破既定思维模式的方法：挑战假设；重新审视问题；逆向思考；用不同的媒体表达自我。

挑战假设会给你带来全新的可能性。比如，你想要买房，但设想自己还不上贷款。挑战假设！当然，你现在没钱，但是你是否可以变卖你的其他资产？是否可以从退休基金中提取一部分钱出来？是否可以在6个月内通过加班工作赚到一笔钱？突然，你会觉得情况并没有那么糟糕。

陈述问题方式的不同常常导致想法的不同。为什么我们需要解决这个问题？有什么障碍？如果我们不解决这个问题会怎么样？从不同的角度看问题会给你带来新的见解，你可能会想出新的想法解决新问题。20世纪50年代中期，船运公司在货船上亏损严重，他们决定专注于建造更快、更有效率的船，但是问题仍然存在。有一位顾问就用不同的方式定义了这个问题，他说公司应该考虑的问题是如何降低成本。对问题的新的陈述产生了新的想法。在考虑了运输过程的各个方面后，包括货物的存放和装货时间，问题焦点的改变催生了集装箱和轮渡船的出现。

如果你还是想不到任何新的东西，那么你可以尝试逆向思考，考虑如何创建问题、恶化操作、降级产品，而不是专注于如何解决问题、改进操作、增强产品，把这些想法反过来就是原问题可能的解决方案。

我们有多种智力，但不知何故，当我们面对工作中的挑战时，我们只倾向于使用我们的语言推理能力。通过不同的媒体表达问题会如何呢？橡皮泥、音乐、文字游戏、颜料等。不要想着立刻就能解决问题，要先表述它。不同的表达方式可以激发不同的思维模式，这些新的思维模式会带来更好的主意。

最好的想法似乎只是偶然出现的，当你看到一些东西或者听到某人的话时，它们经常与你想要解决的问题毫不相关，但是好主意突然就出现了。牛顿和苹果，浴缸里的阿基米德，这样的例子比比皆是。为什么会这样？随机事件提供了新的刺激，并使我们的脑细胞滴答作响。根据这一点，我们可以有意识地尝试联系毫不相干的事情，积极地从意想不到的地方寻求刺激，然后看看是否可以使用这些刺激与自己的问题建立联系。

我们都建立了思考问题的特定视角，特定的视角产生了特定的想法。如果你想要不同的想法，你就不得不转换视角。你可以这样做：获得别人的观点，询问不同的人如果面对你的挑战，他们会做什么。你可以接触从事不同类型工作的朋友，例如你的配偶、9 岁的孩子、客户、供应商、老年人、不同文化程度的人，实质上，任何人都能看到不同的东西。

创造新想法的能力是今天必不可少的工作技能。你可以通过有意识地练习掌握它，练习如何建立新联系，练习如何打破旧的思维模式，以及练习如何从新的角度思考问题。

作家会有文思枯竭的时候，设计师同样也会灵感枯竭。碰到这种情况是很正常的，不用羞于承认，但是学会如何解决这个问题则是设计师需要具备的专业技能。

我们都曾尝试过一些疯狂的办法，但却发现它们并没有什么实际作用。当你需要灵感时，“少即是多”这一原则并不适用。头脑风暴是可行的，因为它允许我们犯一下蠢。大量的想法能让你最终从杂乱无章中走出来并挑选出好的想法。在现实生活中，我们很难碰到在灵光一闪后出现的第一个主意就是最佳的创意的情况。所以，与其寻找最佳想法，不如想到什么就说什么，把这些想法都写下来，然后花 30 分钟到 1 小时整理这些想法，最后将便于管理的和有用的想法保留下来。

佛说：从你所拥有中寻找幸福，而不是去远方寻找。但是在寻找创意的过程中，你要做的正好相反。是什么事情让你沮丧？在你的生活中痛点是什么？而且你确信这些困扰着你的问题同样也困扰着他人。与其追逐灵光一闪和下一个了不起的科技，不如发现和解决你在日常生活中碰到的问题。这些问题的伟大之处在于它们是我们真正想要解决的问题，你甚至不用离开你的办公桌去自我探索。

我曾经与很好的主意失之交臂，这些主意都是我在商店排队等待付款的时候产生的，但是因为没有及时将它们记下来，等我回到办公室或到家后，这些想法就都只剩下模糊的记忆了。将你想到的主意都写下来，或者使用印象笔记将它们记下来，留下它们，有时间时再去看看。大胆地舍弃那些在后来看起来很傻的想法，或者那些你永远都不会有时间将它们实施的想法，但是不要忘了把那些好点子付诸行动。

当你在周围看了又看，但却只能看到一面静止的墙时，那么你就需要向周围其他地方看一看了。你周围发生了什么？人们在做什么？他们为什么要这么做？有时候你不需要发现问题，你只需要让你的大脑开启提问模式。你会发现作为设计师你会在尝试描述办公室样貌的过程中得到乐趣，你会在勾画周围人的面孔的过程中获得快乐。

放一天假，晚点起床，早餐用面包代替麦片粥，走路上班而不是骑自行车。日常生活中的一些细微的改变可以给你带来很多好处。这些变化可以让我们用与原先稍微不同的方式看待这个世界，而这可以给我们带来灵感。当你开始问这些细微的改变带来了什么不同的体验时，你就会发现你的创意源泉已经开始流动了。

用户体验设计师都知道生活是一个重复的过程。我们做点事情，然后做些调整，看看是否生效，如果没有生效，那么就再回到电脑前。一个创意成功的部分原因来源于你允许自己失败和犯一些错误，然后从错误中学习。有了一个想法就要实现它，看看你是否能将这些想法带入生活。如果不能，那么就想想为什么，这个过程本身就会带来更好的想法，如此循环往复。

这不仅仅是打破常规的生活，而是选择尝试你以前从未做过的事情。正如人们常说“旅游可以开拓思维”，你也可以参观一家博物馆或者画廊，或者拿出一套学生用的化学实验设备，然后看看你能做出哪些奇怪又精彩的事情。这些新鲜的体验都以微妙的方式改变着我们，探索新事物的过程将解放我们的思维。当你站在山顶上、潜水在海面下或者冒着大雨回到家的时候，你很难不被感动，不是吗？

分散注意力同样能帮助我们突破瓶颈。当你想不到任何主意时，那么就不要再想了。离开你的办公桌出去散个步吧。如果你在家，那么就去泡个澡吧。人不是机器，所以当你不能按要求设计出令人满意的产品时，就不要再尝试了。在放松的状态下你可能会灵光一闪，获得意外的惊喜！

拥有某一个领域的专业技术并不意味着你知道这个领域的所有事情，而其他人则不能提供任何有用的主意。为什么不约一些同事或者朋友，让他们和你一起尝试提出一些创造性的想法呢？就像头脑风暴一样，主旨并不是鄙视每一个没用的点子，而是在第一时间得到构思上的帮助。你可以在结束后剔除一些无用的点子。你永远无法预测一个坏主意会在何时何地摇身一变成为一个好主意。

有时候创造力的匮乏是因为我们在无休止地坚持一个不好的点子，最终发现自己无路可走。此时我们需要回头看看，问问自己，我把时间花在这件事情上值得吗？如果你发现你不能确切地回答，那么你可能就需要放弃这个想法，重新审视你的理念，或者尝试你之前未曾尝试的想法。创造力的匮乏是每一个资深设计师都会时不时碰到的问题，这很正常，因为我们是人，解决策略就是尝试尽快地躲开这些障碍。

5.2　设计思维

我们都知道以人为中心的设计，设计思维作为一个概念已经存在了一段时间，只是名称有变化，目前人们都习惯称其为以用户为中心的设计或者服务设计。设计思维因为其解决问题的技巧和科学的方法而成为了时尚。

设计思维是一种以人为本的创新方法，它从设计师的工具箱里吸取了灵感，将用户的需求、技术的可能性和商业成功的要求结合了起来。设计师的工具箱是一个与设计师的方法和过程有关的应用，包括思考创造力、灵活的创意以及对用户行为和需求的清晰理解。

设计思维是一个由四个基础阶段组成的结构化流程，从目标群体的发现阶段开始，所确定的需求和问题将被组合成一些主要的见解，这些见解是概念阶段的基础，这个阶段的目标是产出更多的想法，而最有希望的想法将被作为原型进行开发。原型测试是最后一个阶段，这个阶段需要确保解决方案满足目标群体的需求。

设计思维之所以产生是因为大公司缺乏创新能力，无法开发出能够满足客户需求和客户问题的创新产品。如今，大多数公司都使用分析思维作为运营方式。这种分析思维阻碍了创造性思维的发展，而这种创造性思维是破坏性创新所必需的。
这种创造性，特别是大胆地思考与设计概念有关。为了创新，企业必须具备设计能力。为了设计，一个组织需要在内部融合设计，以孕育出一种培养创造思维的文化。

设计思维的显著差异在于将用户置于每项活动的中心。此外，以人为本的设计强调体验胜于效率，因为良好的体验是用户与产品互动的动力。

设计思维的策略已经帮助无数创业者和工程师开发出了成功的产品，打造出了成功的企业。但设计思维是不是也能帮你养成一些健康的习惯呢？

斯坦福大学的工程学教授伯纳德·罗斯表示：设计思维能帮助所有人形成解决问题、达成目标的习惯，这些可以维持终生的习惯可以让我们的生活变得更好。

“我们都有再造自我的能力”，罗斯说道。伯纳德·罗斯是斯坦福大学哈索·普拉特纳设计研究院的创始人之一，也是《让你有所成就的习惯》一书的作者。

过去几个月，我把设计思维运用在自己的生活里，发现它好像真的在起作用。我已经减掉了25斤体重，和昔日好友再度联系起来，并且将自己的精力重新集中在了特定的目标和习惯上。

设计思维帮助我明确了一直妨碍我实现目标的障碍，也帮助我重新厘清了自己的问题，让它们变得更加容易解决。

用罗斯的话来说，设计思维帮助我“跳”了出来。运用设计思维需要将注意力放在以下五个步骤上，而最为重要的是前两个。

第一步：移情。弄清楚需要解决的真正问题。

第二步：定义问题。你可能想不到它其实是一件特别困难的事。

第三步：形成概念。头脑风暴，列单子，写下自己的想法，找到可能的解决办法。

第四步：制作一个模型或制订一个计划。

第五步：检验你的想法，收集其他人的反馈。

使用设计思维的人通常是在努力打造一个新产品、解决一个社会问题或满足某些消费者的需求。

比如，斯坦福大学的一些学生曾去缅甸做了一个灌溉项目。按照设计思维的前两步，学生首先需要花时间和农民待在一起，了解他们在灌溉庄稼方面有什么样的问题。

在这个过程中，他们发现农民面临的真正问题不是灌溉，而是照明。在那里，农民使用蜡烛或煤油灯照明，他们住的小棚屋因此充满了有害气体。在没有电的情况下想办法给自己照明消耗了当地农民的很多时间和金钱。

最后，这些具有设计思维的学生使用移情的方式将注意力放在需要解决的实际问题上。他们开发出了农民买得起的太阳能LED作业灯。之后，他们陆续给42个国家的人提供了数以百万计的灯具，给世界上那些没有电力或电力供应不稳定的地区提供了一种可行的照明解决方案。

罗斯表示，这种帮助农民解决照明问题的设计思维方式也同样可以用到自己身上。

首先考虑你想解决什么问题，然后问自己“如果解决了这个问题，能给我带来什么改变”。

罗斯给出的一个例子是一个人想给自己找一个人生伴侣，那么他要先问自己“找到人生伴侣会给我带来什么”。其中的一个答案可能是有人陪伴。接下来你需要重新界定这个问题，即如何才能获得陪伴。针对这个新问题，你会有更多、更容易实现的答案——你可以在网上交友，也可以选修一些课程、加入一个俱乐部、随旅行团旅游、参加一个跑步小组、养个宠物并去公园消磨时光。

“这时候，找到配偶就只是获得陪伴的很多方式中的一个了”，罗斯说道，“通过改变要解决的问题，我改变了自己的观念，大大增加了有可能解决问题的方案的数量”。

如果是在过去几年，我会告诉你我最大的问题是肥胖，我找不到一个可以让自己体重减下来的饮食方式，但设计思维帮我重新定位了自己的问题。

那是在几个月前，当时我婉拒了和多年没见面的好友一起参加聚会的邀请。我之所以没有去，是因为我为自己现在的肥胖感到难堪，无法面对那些在我比较瘦的时候认识我的人。我意识到，体重问题正在影响我的生活。

是时候启动设计思维了。这个时候，一个拥有设计思维的人会问“减肥究竟能给你带来什么”。

答案让我有些吃惊。我希望能自我感觉更好一些，感觉不那么累，能有更多的精力和信心参加社交活动，和过去的好友重新联系起来。自我移情让我意识到我真正需要解决的问题不是减肥，而是把注意力放在维护友谊上，我应该改善睡眠，让自己更加精力充沛。

因此联络旧友和改善睡眠成了我的重点，我还买了些新衣服，这让制订社交计划变得更加容易一些。

让人意外的是，这种为了搞清自身需求而采用的移情处理方法也在饮食方面给我带来了一些启发。我意识到午饭摄入大量的碳水化合物会让我一整天都感到疲倦，所以我戒掉了含糖的食物，我很快就感觉到精力比以前更足了。当我将注意力从减肥转移到真正严重影响我的生活的问题上时，我的体重反而减少了 25 斤。

这点成绩还远远不够，但能够做到自我移情真的是一种突破，这是设计思维帮助我实现的。

“最高层次的设计思维可以重塑你看待世界和解决问题的方式，关键就在于移情”，罗斯说，“如果你尝试了一些东西但不起作用，就说明你应该解决的问题不是这个”。

5.3 服务设计

服务设计的目标是确保我们提出的服务对顾客来说是有用的、好用的并且是令人向往的；而对服务提供者来说是有效率的、独特的。简要地说，服务设计是一种强调从顾客需求中寻找创新机会的方法。

服务设计就是当有两家比邻的咖啡店都以相同的价格卖同样的咖啡时，会让你选择其中某一家而放弃另一家的原因。

服务设计有以下五个基本原则。

(1) 以使用者为中心。这个原则永远排在第一位。

(2) 共同创造。在整个设计过程中，服务的流程、体验、价值都是由利益相关者一起创造的，少一个都不行。

(3) 循序性。简单地说，服务的整个流程体验是一个动态的过程，服务设计与其他设计的最大区别就是它具有时间维度，所有的设计会随着时间的变化而发生改变。

(4) 实体呈现。许多服务都是无形的，比如进入咖啡店，店员对你说“欢迎光临”，通过用心的设计呈现出顾客所获服务的实体证据，不仅可以强化顾客对服务体验的感知，更容易延续这次经验的映像。比如，一些贴心的酒店在打扫房间后会在厕所的卷筒纸上卷一个小小的三角形，以证明打扫干净了，你可以放心使用，这样的服务实体呈现会让体验得到加强。

(5) 全面考量。服务是一种整体感受，没有办法拆解，必须考虑整个服务的体验感受。比如在顾客进入咖啡店时对他说“欢迎光临”，然而在顾客走的时候却没有为顾客开门而且若无其事。所以说，服务设计需要全面地考量整体的体验。

在历史的发展过程中，设计主要经历了以下三个阶段。

(1) 20 世纪 60 年代到 70 年代，设计是以生产为导向的。

(2) 20 世纪 70 年代到 90 年代，设计是以市场为导向的。

(3) 20 世纪 90 年代至今，设计转为以用户为导向。

服务是对象，设计是方法。因此，服务设计可以简单地理解为用设计做服务，即用设计的各种特点、思路和方法解决服务中的各种问题或是让服务的各种特征显性化。

目的：服务设计以提升用户体验为目的。

核心：服务设计以“人”为核心。这里的人既包括用户、客户、消费者、公司职员等，也包括利益相关者。

评价标准：衡量服务的唯一标准就是用户满意度。

前台和后台：前台指客户、用户或消费者等服务接受者；后台指公司、企业、政府等服务提供者。服务设计强调提供者的目的，同时能够向接受者提供可持续的服务。

有形的和无形的：服务设计包括有形和无形的服务要素，有时候也用来描述服务内容和服务领域等。将无形的价值通过有形的方式呈现出来，这称为服务的显性化。显性化不是视觉化，而是可感知，视觉化只是可感知的方式之一。为了让用户可感知，通常需要物理证据。

三个阶段：服务前、服务中和服务后。根据不同的领域及产品类型，也有使用前、使用中和使用后的说法。这三个阶段能够帮助设计师培养全局观，从服务的全链路上提升用户体验。

三个接触点：物理接触点、数字接触点、人际接触点。这几种类型的接触点都是相互融合的，并存在于服务接受者和服务提供者之间。

五感：视觉、听觉、触觉、味觉和嗅觉。在服务设计中，多以有形的接触方式呈现。好的五感设计不代表一定会有好的服务体验，因为服务设计还包括无形的体验要素。

服务设计的价值如下。

使用价值：用户对产品及服务短期或长期的使用价值。

响应价值：产品及服务的反馈和及时响应的价值。

关怀价值：通过对用户的呵护、鼓励及养成等方式所体现出来的情感价值。

服务设计的问题层次如下。

第一层次：问题很容易被发现，也很容易被解决。

第二层次：问题很容易被发现，但不容易被解决。

第三层次：问题不容易被发现，但总感觉哪里有问题。

第四层次：问题不容易被发现，同时也无法意识到问题可能会带来的其他潜在的问题。

服务设计是强调现场和共创的。

服务设计的空间如下。

技术空间：随着技术的发展，服务提供者所提供的技术的性能和功能与服务接受者所能接受的程度之间存在着一定差距，比如，公司通常会研发尖端的智能技术，而用户往往只需要安全、稳定的产品及服务。

用户空间：用户对产品或服务的期待与用户实际接触产品或服务后的认知之间存在着一定差距，缩小这个差距是提升用户满意度的一个重要指标。

如果你只关注用户体验，用户可能在使用产品时的整体感受很好，但是当用户来到你的商店时，你的店员的态度不好，那么你的产品可能都到不了用户的手中，这就需要提升客户体验，这就是服务设计。

客户体验的设计框架如下。

第一步：列出所有接触点。

要列出每个客户体验的阶段，可能每个公司都有所区别，比如在购买前、购买中、使用中等阶段，你需要列出所有的接触点。

第二步：下沉式感受。

理解和感受客户和你的产品在整体接触的过程中能体验到什么或感受如何。设计师要理解每个接触点的体验，和顾客待在一起，感受用户的想法。

第三步：协同解决。

邀请你的客户、工作人员、领导等相关利益者一起设计和解决发现的问题，让不同的人加入进来会让你有不一样的感受。

5.4 迭代化和协同设计，讲故事和故事板

乔布斯说过：设计不仅仅是产品的外观和感觉，设计还是产品的工作原理。我深信他是对的，但是我认为不仅是这些，当我们考虑设计的时候，我们其实更多的是在考虑如何解决问题。简单地说，设计就是要关注问题，试着解决问题，关注用户。我们可以用迭代化设计和协同设计的方法解决任何问题。

迭代化设计是一种设计方法，通过建立演示样本、测试分析、确认问题，然后再重复以上过程，每一次设计都根据上一次的结果进行改进并检验。

协同设计可以采用头脑风暴、体验地图等多种方式，集合协同的人员拓展思维，最后由主持者收集所有想法并找到核心问题并挖掘问题。

作为一名交互设计师，我们的职责不仅是设计一个外观，还包括真正地解决问题，设计是一种解决问题的方法。我认为好的设计应该包括做好用户研究、搞清楚用户是谁及他们是什么样的。同时你也需要考虑在一个环境或者组织里这些人是什么样的，以及这个组织的各个方面对他们有什么样的影响。运用一些方法，你可以了解他们需要什么，不需要什么，并且你也需要搞清楚你做的决策对他们会有怎样的影响。

好的设计师还需要学会运用快速迭代的方法。先做一个简单的低保真原型实现他们的想法，然后再进行测试。可以找一个团体看看这是不是行得通，大家一起

寻求合适的解决方案。另外一个方法就是协作，好的设计师应该擅长团队协作。虽然我们说设计可以解决任何问题，但是我们并不是全能的，我们需要结合所有人的专长，在一起多角度地分析问题并找出解决方案。

低风险、快速是高效处理问题的方式，尤其在会议评审中，我们最终会得到完整、漂亮的交互稿，但此刻更重要的是要确认现在的方案和策略是否是正确的，交互流程是否是通顺的。在这时，我们会把桌子都移开，腾出位置把设计草稿都贴出来，大家一起讨论整个场景。我们有哪些用户？他们会遇到什么样的情况？我们必须考虑各种各样的场景。

我认为最重要的是当你需要做一个高风险的项目时，只能通过不停地迭代反复测试，通过无数个演示样本原型的测试降低风险，最终找到正确的解决方案。我们也会紧张和害怕，幸运的是我们处在数字化时代，我们可以收集数据并观察反馈，然后快速地修改迭代。对于设计师来说，产品蕴含着他们的心血，同时他们也不得不面对用户根本不喜欢这样的改版的可能性。但是如果你不做任何尝试，你就永远不可能得到答案。我们可以通过设计流程将这一风险最小化，通过协作设计和快速迭代重复验证，最后我们就有信心认为这样的方案是正确的。

当发起一个项目的时候，我们要了解我们所在的位置和我们的目标。之后，更多地需要设计师和其他团队一起协作。比如我们需要大数据团队为我们提供数据支持，我们就会坐在一起共同推动整个项目的进行。有的时候，有一些非常棒的想法正是来自于其他团队的。如果说一个产品的设计是成功的，那么不如说这个产品的成功是协同的结果。

讲故事的方式可以用在产品开发的任何一个过程，也可以用在问题解决的任何一个过程，它非常有效。每个人都可以通过故事感受到真实的场景和问题，我们可以通过讲述一个故事发现一个真实用户会经历的过程，帮助我们建立对这类用户的认知，发现他们所面对的问题。每个人都会变得感同身受，会联想到某一个朋友的经历。比如我们会想一些新的功能，这个时候也许某一个设计师想到了一个点子，而这个功能创意是从未有过的，如果他要将这个想法更好地表述给大家，他就可以用讲故事的方式。

比如，有一个五口之家，他们周末要出去旅游，妈妈在酒店预订平台上搜索房源，她需要带着婴儿车，还有一个宠物，她花了3小时寻找合适的酒店。这个时候让我们看看这个新功能吧。通过历史订房信息我们知道了她有什么样的需求，我们可以把符合她的需求的酒店优先筛选出来，并高亮那些她需要的服务，探索的体验对她来说是好的。为了更好地挖掘这些问题，我们可以扩充更多的用户信息以帮助我们理解。比如这位女士的名字叫阿梅，来自江苏，然后大家可以产生一个具体的想象，考虑她会遇见的问题和需求。当然，我们先不要急于细化某个功能或者确定某个方案，要先了解用户的完整体验，把整个过程拆分，细化分析每个阶段。在设计过程中，你会非常清楚阿梅经历的每个阶段，在设计的时候就不会有所遗落。

故事板是挖掘和思考用户的非常有效的工具。我们在总结出故事板之前要整理和细分场景。当看到这些分支的时候，我们考虑的是产品在用户的整个使用过程中扮演着怎样的角色，在什么阶段起到什么样的作用。如果总结后我们发现产品可能只参与了其中不到一半的分支，并且在线下的整个体验中占到了更多的分支，而不是产品本身，那么我们就会意识到，在整个过程中，我们的产品能做的事情还有很多，我们能够进一步帮助用户更好地完成他们的任务。

假设我们要设计一个旅游产品，设计的时候我们会询问自己，如果和妈妈一起出去，我们会为她安排什么样的行程？如何为她展现更真实的上海？这就是我们所希望的——让旅客在任何地方都拥有和当地人一样的归属感。

故事板只能帮助你了解人们遇到的问题，了解你的产品对这些问题或对这个社会有怎样的价值和意义。你所了解的商业目标和数据积累都对你非常有帮助。

5.5 产品思维

在提到用户体验的时候，我们通常想到的是一个简单、美观、功能点整合良好且易于使用的产品，它能让用户的生活更加轻松。事实上，功能只是产品设计中非常细枝末节的一部分，是产品试图解决用户问题时的众多可能的解决方案中的一小部分。

从产品的角度进行思考意味着在思考时要关注具体的用户问题、需要完成的工作、任务目标以及收益。

产品的核心用户体验并不是一系列的功能，而是产品能够帮助用户完成的任务。比如优步的核心用户体验是在任何时候都能让你很方便地叫到车。倒计时能显示出租车到达的准确时间，这就是一个扩展核心体验的恰当功能。但不管有没有倒计时这个功能，优步都可以帮助用户叫到车，而倒计时却无法脱离任务“帮助用户能在任何时候方便地叫到车”而单独存在。产品和功能之间是单向的相互关系，功能不能脱离产品而存在，这就是为什么设计师应该先具有产品思维，并从产品的维度进行思考，而不是功能。

发现产品的真实作用。一款产品总有一个核心的体验，这个核心的体验是该产品存在的基础，它要么是满足了用户的需求，要么是解决了用户的问题。只有这样，产品的存在才具有意义和价值。

如果产品要解决的问题是不存在的，或者解决方案与已有的问题不匹配，那么这个产品就会变得没有意义，用户也不会使用它，从而导致产品的失败。不匹配的解决方案可以进行调整修正，但如果产品是为了解决不存在的问题而存在的，那么它就连调整的余地都没有了。那么，应该如何确定我们想解决的问题究竟是不是一个真实存在的问题呢？

不幸的是，我们不能百分之百地确定。通过观察以及和用户交流，我们能最大限度地减少做出错误决策的风险，并发现真正的问题，给出用户真正想要的解决方案。

乔布斯说过：用户并不需要思考他们想要的是什么。有一个叫克莱·克里斯滕森的商人曾为了提高奶昔的销量做过很多尝试，如让奶昔变得更甜，给它们添加各种口味，甚至是提供更大杯的奶昔。但这些尝试都没有起作用，直到他开始观察买奶昔的顾客。他发现，顾客买奶昔主要是为了让自己在开车上班的路上不会那么无聊，这是因为奶昔是一种呈黏稠状的饮料，比其他的饮料更耐喝，这才是顾客购买奶昔的真正原因，但顾客自己并没有意识到这一点。最终，克莱·克里斯滕森想出来了一个解决方案——让奶昔变得更浓稠，从而提升了奶昔的销量。

深入思考问题，而不仅仅是产出一个具体的解决方案。用产品思维进行思考，为目标用户构建合适的功能，产品思维有助于产出成功的功能。通过明确产品要解决的问题，它回答了为什么要做这个产品，定义目标受众会不会遇到这些问题，定义解决策略应该如何做，以上思考对产出新功能会产生相应的指导，设定一个目标有助于衡量该功能的成功性。

当为现存的问题提供了正确的解决方案时，产品开始变得更有意义，这个方案描述了一个问题是怎么被解决的。问题与解决方案匹配定义了产品的核心用户体验。具体的功能扩展支持了这种核心体验，但并不能取代它。交互设计和视觉设计可以让一个产品更加美观易用，使用户使用起来更具有愉悦感，或者使产品在激烈的竞争中脱颖而出，但依靠这些并不能让产品变得完全有意义，这就是为何问题与解决方案的匹配对一个产品的成功至关重要的原因。

当以产品的思维进行思考时，用户体验设计师需要先回答以下几个问题：我们试图解决什么问题（用户问题）、我们为谁解决这些问题（目标用户）、我们为什么要解决这些问题（愿景）、我们怎么解决这些问题（战略）以及我们想达到什么目的（目标）。只有回答完全后，思考我们现在正在做的功能才是有意义的。

产品思维可以帮助设计师更好地为目标用户设计出正确的功能，有助于设计师在设计的时候把用户体验理解为一个整体，而不仅仅是交互或者视觉上的特性，它确保设计人员能实际地解决用户的问题，从而降低设计出一个没有人想用的产品的风险。在设计时，它给予了设计师做出一个正确决定的力量。

实现一个功能很容易，但为目标用户做出正确的功能则是一个巨大的挑战。产品思维可以帮助用户体验设计师询问正确的问题，为产品设计正确的功能以及更高效地和利益相关者沟通。产品思维能让设计师说“不”，使他们在增加新功能的时候更加谨慎。在增加新功能或者提出一个新想法的时候，设计师能够在开始画线框图或者制作漂亮的产品布局之前就提前做出思考，并问出正确的问题，这种设计是否适合这个产品？它真地解决了用户的问题吗？用户真地需要这个功能吗？让我们先找出这些问题的答案。通过这种方式可以保证产品的简洁和效率。

产品思维可以确保设计师能够为目标用户设计出正确的功能，真正地解决目标用户遇到的问题，它还能帮助设计师做出正确的决策，是成功打造出用户想要的产品的基础。

产品思维可以帮助产品经理和用户体验设计师更加友好的联系，从而打造出更强的产品，这就是产品思维在用户体验设计中起到重要作用的原因。

第 6 章　生活中的设计

产品设计的重点不是产品，也不是设计，而是人的生活，产品设计要围绕着人的生活而进行。

6.1　直觉设计

你的网站越容易使用，使用的人就会越来越多。“容易使用”的一个重要组成部分是直觉。直觉设计意味着用户在看到产品的时候能准确地知道接下来该做什么。

直觉设计最主要的特点就是其不可预见性。当用户刻不容缓地专注于手中的任务时，设计是凭借直觉的，直觉设计最重要的任务是引导用户专注于任务。最终，直觉设计还是要侧重于体验。

想象一下，你因为平时经常忘记带钥匙而安装了一把密码锁，在你修改了初始密码后，突然有一天你忘记了密码，但是你又没有门的钥匙，这时你该如何进门呢？如图 6-1 所示。

图 6-1　密码锁

这是一个非直觉设计的例子，非直觉设计窃取了用户的注意力。用户尝试进入屋内，但是这个过程被一个没有明显解决方案的不常见的状况打断了。

网页设计也是同理。用户如果在没有被打断或者没有被其他想法干扰的情况下完成任务，那么一切都好。直觉设计是不可预见的，但是非直觉设计是一个破坏者，因为直觉设计是无形的，人们不会真正地注意它（甚至人们从来都未曾注意过），但是如果它消失了，用户便会立即察觉，而非直觉设计会强迫用户关注与任务无关的元素。

为什么许多网站会使人们感到困扰？为什么不是所有的网页都是直觉的？创建直觉网站的难题就在于人是有差异的。一个人的直觉并不代表另外一个人的直觉。设计本身并不是直觉的，而在于使用它的人是否感觉它是直觉的。

我相信大多数网站的设计意图都是好的，它们应该是直觉的，但这通常是针对设计师而言的。一般来说，开发人员或设计师不会花费时间看人们是如何使用他们所设计的东西的。

人们都会用自己的视角看待世界，当他们设计某样东西时，他们会不自觉地为那些与自己有着同样技能水平或者有使用此类界面经验的人做设计。

直觉设计的正确开端是了解你的用户。你需要清楚对于他们来说什么是直觉的。在这里要理解的一个非常重要的概念是当前知识和目标知识。

人们来到你的网页，他们在头脑中预先加载了已经存在的知识（以前的经验等），也就是当前知识，目标知识则是他们为了使用你的网站或者应用所需要知道的知识。二者之间的差异称为知识鸿沟，而你的工作就是创建一个界面以缩小用户的当前知识和目标知识之间的知识鸿沟。

出现困难的原因是你可能会遇到各种各样的用户，有些是精通技术的电脑高手，有些则是电脑“文盲”，还有介于二者之间的其他人。

目标群体越小，对你就越有利；受众越广泛，那么你面临的设计挑战就越难。

如果用户从未使用过你的网站，这并不意味着他们的当前知识为零。他们可能在以前使用过其他类似的网站或产品。有些用户可能没有用过，但是每个人都会有自己的概念模型。

比如说你从来不网购，但是你已经有过无数次的线下购物经历，因此当我让你坐在电脑前并向你展示淘宝时，你仍然可以从淘宝上购买东西。

用户会使用线下购物的概念模型，目的在于复制同样的体验。用户期望的网购来源于线下购物的心智模型——他们以往获知的最接近的体验。

假如用户之前就有网购经历，只是未曾在淘宝上购买过商品，那么由于他们有在淘宝上购物的预期，他们的概念模型将会不同。

如果大多数用户从未使用过此类网站或者在线服务，那么你就需要处理该概念模型，这就是你必须了解用户准确体验的原因。如果网站和用户的心智模型不匹配，那么用户就会觉得网站非常难用，不够直观。

为了使网站的设计更加直观，你需要了解当前知识点和目标知识点在哪里，以及用户已经知道的和他们需要知道的。

一般来说，直觉设计的当前知识等同于目标知识。

世界顶级设计师杰拉德在他的研究中发现在以下两种情况下，用户将会告知你界面对于他们来说是直觉的。

(1) 当前知识和目标知识是完全相同的，当用户使用该设计时，他们知道需要执行的操作和完成的目标。

(2) 当前知识和目标知识是分离的，但是用户并没有完全意识到该设计是为了帮助他们缩小差距。用户正在被引导，但是在某种程度上却是自然的。

换句话说，要么让它简单到不需要任何学习成本，要么添加容易发现和跟进它的指令、技巧和缩微复制。

第一种情况的最好示例是百度搜索，如图 6-2 所示。用户在使用时不会犯错，也不需要学习曲线，所见即所得。

图 6-2　百度搜索

第二种情况的最好示例是蚂蚁金服，如图 6-3 所示。当用户点击“买入、卖出规则”时，“说明”使它变得简单，并让学习过程看起来非常自然。

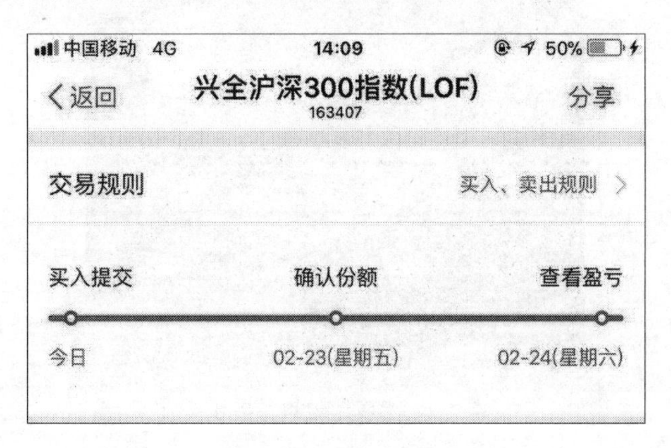

图 6-3　蚂蚁金服

因此，直觉设计有两个选项，即通过简化设计减少目标知识的需求直到满足当前知识，以及通过“说明”将当前知识转化成目标知识，或者两者皆有。

6.2 情感体验式设计

张小龙说过：任何一个工具都是用来帮助用户提高效率的，用最高效的方法完成任务，这是工具的目的，是工具的使命。什么是最高效的方法？就是用最短的时间完成任务，也就是说，一旦用户完成了任务，工具就应该去做其他事情，而不是停留在产品里面，这就是用完即走的含义。

其本质就是在把满足用户需求的方式流程化、规范化之后不断优化流程，减少重复并提高效率。

Donald A. Norman 曾在 *Emotional Design* 中表示：在我们接触一样东西的时候，除了关心它有多好用，也关心它有多好看，更重要的是当我们使用它的时候反映出了我们什么样的自身形象。我们的背景、年龄和文化等都在我们使用的东西中得到了体现。

简言之，用户在与产品交互时，发挥作用的不只是产品的可用性和易用性，还有情感体验，即产品唤起了用户的何种情感，人是有情感的，在我们接触产品、使用产品及使用产品后，会对产品产生一系列的情感，这种情感支配着我们的行为模式。如图 6-4 所示，下面我们按照做工具的思维设计上海市地铁站的楼梯。

图 6-4　上海市地铁站的楼梯

(1) 设计目标是让用户方便而快捷地出站和进站，还要鼓励用户多走楼梯，避免过多用户因等待扶梯而造成拥堵。

(2) 用户体验必须从视觉上考虑楼梯的层次是否分明。

(3) 从人体工程学上考虑踏面楼梯宽度和踢面楼梯高度是否适合主流用户的脚长。

(4) 考虑楼梯坡度是否合适；是否需要设置缓冲平台，以免用户疲劳。

(5) 考虑异常情况，如选用防滑材质以应对雨雪天气等。

上述思维过程就是工具化思维的体现，它聚焦于可用性与易用性，但设计过程基本就到此为止了，而基于情感体验式思维的设计才刚刚开始。

图6-5所示为瑞士首都斯德哥尔摩市的Odenplan地铁站，德国大众公司运用情感化思维在此设计了一款外观酷似钢琴键盘的音乐楼梯，人们每踩一下阶梯，就会产生一个美妙的音符(惊喜/持续反馈机制)。

图6-5 瑞士首都斯德哥尔摩市的Odenplan地铁站

自从推出音乐楼梯后，选择走楼梯的市民比乘扶梯的市民多了66%，他们喜欢通过上下楼梯感受音乐带来的运动快感和趣味性，一些人还专门用这款楼梯演奏自己的音乐，并拍摄视频上传到YouTube，与人们分享成就。这种对人类行为的影响力是工具化思维遥不可及的。

人对事物的理解来源于人对事物的整体感受。按照做工具的思维所设计出来的自行车如图6-6所示。

1766年，一群修道士在修复达·芬奇的手稿时发现了最早的自行车雏形。

1791年，法国人Sivrac发明了自行车，自行车的前后装有两个木质的车轮，中间连接着横梁，横梁上面安装了一条板凳，没有传动链条和转向装置。

图 6-6　自行车

1818 年，德国人 Drais 在自行车的前轮上方加装了一个控制方向的车把，可以改变前进的方向。

1840 年，苏格兰铁匠 Macmillan 在自行车的后轮的车轴上装上了曲柄，再用连杆把曲柄和前面的脚蹬连接起来，前轮大，后轮小。这样，人的双脚终于真正地离开了地面，利用双脚的交替踩动带动车轮滚动。

1861 年，法国的 Pierre 父子在自行车的前轮上安装了能转动的脚蹬，并将自行车的鞍座架在了前轮上面。

1874 年，英国人 Roson 在自行车上安装了链条和链轮，利用后轮的转动推动自行车前进。

1886 年，英国机械工程师 John Kemp Starley（自行车之父）从机械学和运动学的角度设计出了新的自行车样式，安装了前叉和车闸，前后轮的大小相同，以保持平衡，并用钢管制作了菱形车架，还首次使用了橡胶车轮。

1888 年，苏格兰人 John Boyd Dunlop 把橡胶管粘成圆形并充气装在了自行车车轮上，发明了充气轮胎。

可以看到，工具化思维贯穿了自行车的发展史，从最初概念的引入到木质原型机的制造，再经过后续的迭代，无一不是在强化产品的可用性和易用性，以帮助用户更便捷、更舒适的使用。不得不感慨人类智慧的结合是如此的伟大。

如图 6-7 所示，基于情感体验而设计的 BMX 小轮车主要用于自行车越野比赛。BMX 脱离了自行车的工具属性，代步并不是 BMX 目标用户的核心需求，真正让用户爱不释手的是 BMX 的玩具属性。创立于 1974 年的 Mongoose 公司正是在意识到这一点后，才开始专注于 BMX 的生产制造、车手培养、比赛推广，在同质化严重的自行车市场中开拓出了属于自己的垂直细分市场，跳出了仅限于满足代步需求的自行车红海，最终跻身世界十大知名自行车品牌。BMX 越野比赛是发展最快的自行车运动，它在 2008 年北京奥运会中成了正式比赛项目，Mongoose 公司则成了中国 BMX 国家队的赞助商。

图 6-7　BMX 小轮车

情感体验式设计的本质是通过设计用户与产品在交互的各阶段所产生的情感而影响用户的行为，它不是娱乐，而是人性与设计的融合，它让产品变得有趣，提升了对用户的吸引力，挖掘核心需求之外的用户需求，强化用户的情感体验和产品的附加价值，使产品情感化，完成从工具到玩具的蜕变。当然，这一切都是在满足用户对核心需求的体验下实现的。

6.3　感知设计

一些不经意的设计可能会影响人们对你的产品的感受，以至于这些设计可能会令用户无法体验到快乐。

如图 6-8 所示，有两瓶同样品牌的番茄酱，二者唯一的区别是左边的是竖立放置，右边的是倒立放置。当我们使用左边那瓶番茄酱时，因为重力的关系，番茄酱并不能轻易倒出，必须用力敲打瓶底。当我们使用右边那瓶番茄酱时，只需要握住瓶身，打开瓶盖并轻捏，即可将番茄酱挤出来。

同样是番茄酱，一瓶需要用户自己想办法挤出，另一瓶却让用户无须思考即可得到自己所需。这两瓶番茄酱，你更想购买哪一瓶呢？

在同样能满足产品需求的前提下，仅仅完成需求的功能设计属于设计产品；而在这个层次之上，更多地加入对用户心流的思考，能让他们尽可能地通过直觉进行操作，这就是设计体验。

图 6-8　番茄酱

好的产品体验设计是将真实世界中人们的体验和操作转化成线上产品的功能逻辑和流程设计，并符合用户的心智模型，使用户可以自然、无意识地进行操作。

那么，心流又是什么？用户的直接反应又是什么？其实这些都和本质的人性有关。而今天的讨论将从人性的角度切入，基于心理学、社会学、人类学的层面，提炼出四种人性感知，并讨论产品体验设计的方法。

人性感知的四个方面如下。

（1）存在感，人性四大本能的定义。

（2）满足感，社会心理学对于人性心理核心的定义，即获得利己的满足感，包括生理满足和心理满足。

（3）私密感，在物种的进化历史中，将是否有隐私作为文明人与野蛮人的最明显区别。

（4）认同感，认同心理学包括对自我价值的认同以及根据他人意见行事的社会认同。

1．人性的存在感是对“人性”的依赖

如图 6-9 所示，1950 年左右，Harlow 做了一个实验，他将刚出生的小猴子和猴妈妈隔离开，他用两个和母猴体格类似的物体模拟猴妈妈，右边的用钢铁铸成，抱起来冰冷，但其中部区域能够提供奶水；左边的在外层包裹了绒布，抱起来温暖，但是不能提供奶水。

当他把这只小猴子放进笼子时，发现小猴子会先根据本能依附到右边的物体上找奶水喝，但小猴子在吸取一会儿奶水后，就会攀附到左边的物体上，长时间地牢牢抱住左边的物体，只有当它需要喝奶时，小猴子才会爬到右边的物体上，但它很快又会返回到左边的绒布物体上。

图6-9　小猴子实验

猴子和人是同物种的生物，两者的大脑和生存本质很相近。通过这个实验和后续的多方论证，Harlow发现人类会更倾向于选择带有人性的物体。

2. 人性的满足感从场景细节中获得

人性的满足感可能会从金钱、美食中得到，但是，场景中的一些小细节的考量设计会让用户在获得惊喜的同时，也能收获一种满足感。下面为大家介绍两个真实世界中的案例。

如图6-10所示，左边的“开关控制器”是我在入住酒店时发现的，它为我提供了一个小小的惊喜，不用再无脑地尝试房间内的各种开关控制哪些设备，通过这个小小的控制器就可以方便地操作房间内的所有电力设备（包括空调和打扰设置），降低了我对环境的陌生感，增加了我对这家酒店的满意感。

图6-10右边的LAMY墨水瓶的设计堪称经典，瓶子的底部有一小圈吸墨纸，让用户能随手取用。使用钢笔的人可能有过这种体验：当吸完墨水后，经常会手忙脚乱地找纸擦墨，一不小心就弄得到处都是。但是LAMY的设计考虑到了这样的场景，增加了吸墨纸的细节考虑，从而让用户更满意，也让用户对产品的认知度更高。

在系统推送中增加了场景的思考后，对用户的影响又是如何呢？是否能将那些用户厌烦的事情，比如新闻或者电商客户端里那些无聊、重复、烦人的广告变得更加贴近用户一些呢？

如图6-11所示，iOS系统中的智能蓝牙耳机系统是基于蓝牙数据计算的，它能尽可能地判断用户当前的场景，在合适的时间和场景下才出现。比如，只有在打开耳机盒的情况下才会收到耳机信息的推送通知，是不是又贴心又惊喜？

在合适的场景下给用户推送一个符合场景的细节设计，可以让用户在感到惊喜的同时也非常满足。

这样的细节设计实际上就是在考虑用户使用功能的场景，并尽可能地将一些细

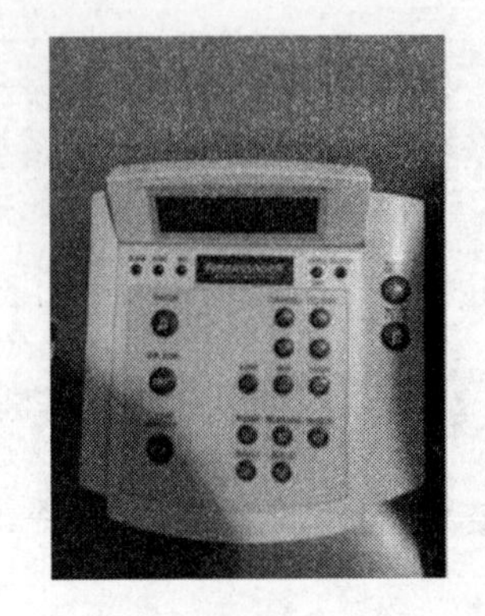

图 6-10　开关控制器和墨水瓶

图 6-11　iOS 蓝牙耳机

节设计考量进去，给用户带来惊喜和满足。

iOS 10 系统中的新闹钟设计如图 6-12 所示，它通过更加数字化的表达和可视化的操作增加了用户的满足感。首先，在闹钟的设置里面专门增加了一个就寝模式，这个模式是从什么功能演变过来的呢？其实以前 iOS 系统就有勿扰模式，但是很多人都不知道该怎么操作，因为它隐藏得太深了，而且它的操作步骤也非常烦琐。

但是就寝模式利用可视化的形式让用户以拖曳的方式设置睡觉和起床的时间，同时又可以一目了然地知道睡眠时长，它的操作非常简便，用户只需要拖曳这个点转到需要的时间即可。这种可视化的方式不仅减少了用户的操作步骤和认知成本，同时又通过中间的数字化方式让用户认知到了自己的睡眠时长，大大增加了用户的就寝满足感。

3. 人性的私密感源自内心本能的不安感

下面这个真实的案例是在东京定居的朋友讲给我听的。在日本的药妆店里，如

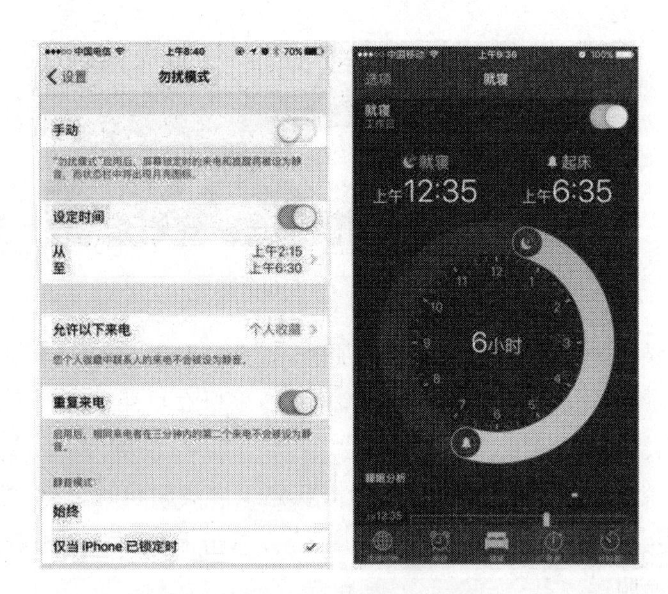

图 6-12　iOS 系统的闹钟界面

图 6-13 所示，除了卖化妆品和药品以外，也会卖一些私密用品，比如卫生巾、安全套之类的。但日本的药妆店深刻地考虑到了用户的私密感，店员会将这些私密物品装在一个不透明的袋子里，用户拿到以后就会感觉更好，也会更放心。实际上，这种对人性私密感的服务很好，它能让用户享受到安全贴心的购物体验。

图 6-13　东京药妆店

另一个例子是 iOS 系统的贴心设计——相册功能和多窗口功能，如图 6-14 所示。即使在不同的场景下，也不会暴露用户的隐私信息。

大家现在可以锁屏试一试，锁屏后看看右下角的相机快速入口，当你从右下角往上滑的时候，就可以快速打开相机了。

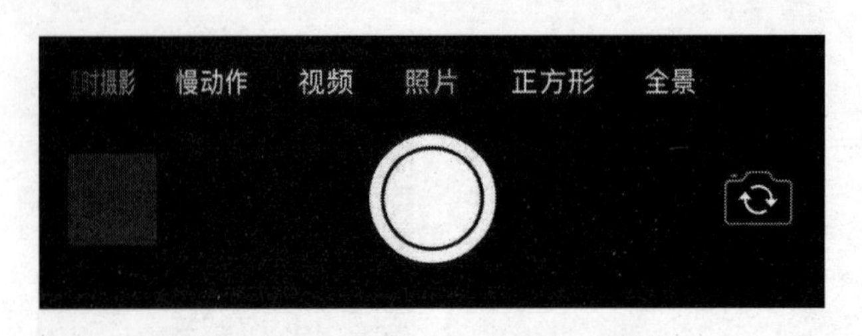

图 6-14　iOS 系统的相册功能

在这个时候，系统有一个非常贴心的服务，就是将左下角的图片预览变成黑块。因为在这种场景下，用户没有使用密码解锁手机，手机有可能被其他人使用，一些私密照片有可能会被别人窥探到。

但 iOS 系统考虑到了这种场景，在锁屏状态下启用相机时，它将左侧的缩略图进行了隐藏，不让其他人看到相册里的照片，当你点击缩略图进入相册后，也看不到相册里面的任何照片。

而在 iOS 系统的任务多窗口切换中，对于一些银行应用，系统有一个非常贴心的设计，如图 6-15 所示，系统对产品窗口开启了具有毛玻璃效果的隐藏保护，这样就不会轻易暴露用户的小秘密了。

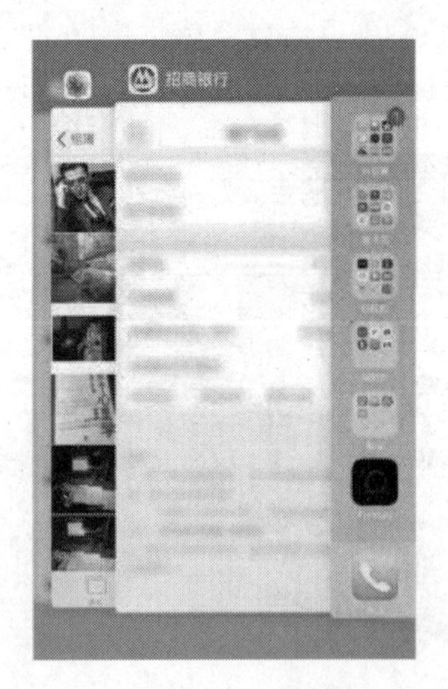

图 6-15　iOS 系统的任务多窗口切换

4. 人性的认同感是对外表达自我的期望

我觉得绝大多数的朋友对认同感都是有认知的，这种认同感其实分为两种，一种是对自我价值的认同，即觉得自己很美、很棒、很赞，那么我就很愿意把有关我自己的事情传播出去;另一种是根据他人意见行事的社会认同,即一群人都做了同一件事,那么我就会感到好奇,然后也尝试着做。

首先说一个真实世界中的经典案例——可口可乐公司在2015年制作的"台词瓶",如图6-16所示,即在原本经典的红色易拉罐外,又设计了8款可以拉动人们之间的认同感的Slogan(品牌口号),比如"给你32个赞""下辈子还做兄弟"等,可口可乐公司通过这个设计增加了用户对自我和品牌的认同感,同时也符合年轻人群体的社会认同感。通过这个设计,可口可乐当年的销量得到了大幅提升。

图6-16　可口可乐台词瓶

请大家想一想,在生活中,这种自我价值认同感和社会认同感是不是也频繁地出现在一些事物和我们使用的产品上面呢?

具有自我价值认同感的产品设计有以下两个特点。

(1) 将用户的优点更有效地展现出来。

(2) 将用户的点滴记录积累起来。

这样做的目的是让用户在使用过程中认可自己,同时也认可产品,用户自然会将这个产品展示给其他人。

当我们说到认同感的时候,社会认同感也是一个非常重要的方面,当它像病毒一样开始传播时,就能轻易地感染非用户,让他们迅速转化。

其实,当我们设计产品体验的时候,我们要多多思考和感知人性的四个方面:存在感、满足感、使命感、认同感。只要我们能将这些感知方式融入产品的体验设计,你的用户就一定会更加喜欢你的产品。

6.4 记忆设计

图 6-17 中的两幅图改变了我对思考的认知。这两幅图来自于一篇在 1996 年发表的经典心理学论文，它向我们形象地阐述了人类在事件发生时感受到的当场体验与之后他们在回想起该事件时的记忆体验之间的差距。理解当场体验与记忆体验的不同以及两者之间的联系，可以帮助我们成长为更加优秀的体验设计师。

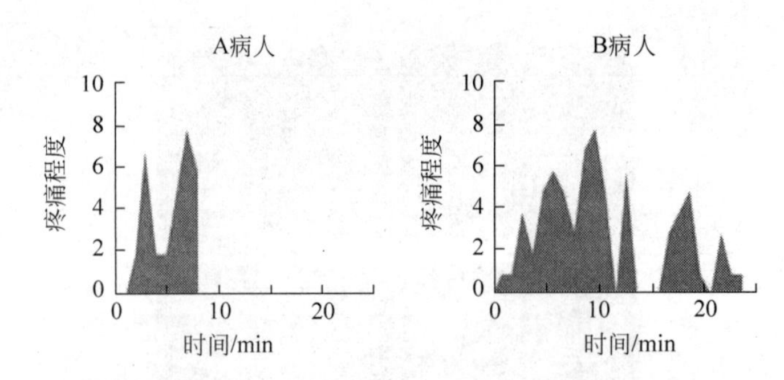

图 6-17　两位病人在医疗过程中感受到的疼痛程度

这两幅图描述了两位病人在经历一个痛苦的医疗过程时感受到的疼痛程度。y 轴的 0 代表不疼痛，10 代表非常疼痛。

粗略地看，B 病人经历了一段时间比较长的疼痛期，他的疼痛时间三倍于 A 病人，并且经历了与 A 病人相同程度的最疼痛体验。如果让你选择成为二者之一，我猜你会选择疼痛时间短的 A 病人，这是一个理性的选择。

然而，人类思考的方法，包括人们的记忆思路并非那样的理性。

当 A 病人、B 病人以及其他 150 个参与者在医疗过程后被要求对自己体验到的疼痛体验做评分时，统计分析显示这些评分与痛苦期的时间长短以及他们体验到的疼痛累计（阴影部分）毫无关系。

相反，患者在评价疼痛值时仅仅会回顾两个特定时刻的疼痛值，如图 6-18 所示，并简略地将它们的平均值作为整个疗程的评分，这两个特定时刻是：最疼痛的时刻与疗程的最后一刻。

首席研究员、诺贝尔奖获得者、心理学家丹尼尔·卡纳曼验证了这个心理学的论点——峰值-终点规则。人类对于一段经历的总体体验取决于他对这段经历中的两个关键点的体验感受的平均值；这两个关键点分别是感受最强烈的瞬间（峰值）和最终瞬间的感受（终点）。经历的时间长短与总体体验程度没有关系，这个理论被称为对持续时间的忽略。

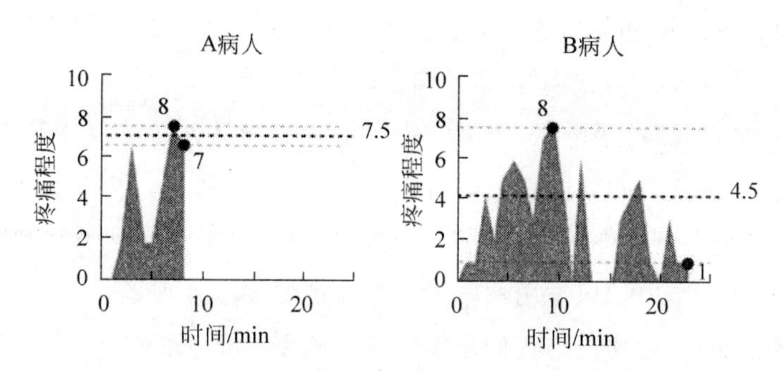

图 6-18　最疼痛的时刻和疗程的最后一刻

20 年的持续研究表明：峰值-终点规则不仅仅能够验证疼痛体验，还能够应用在其他领域，包括愉悦体验。当然，体验感受也可以同时包含积极的和消极的体验瞬间。如图 6-19 所示，y 轴代表积极的和消极的体验值，这类图表被称为体验走势图。

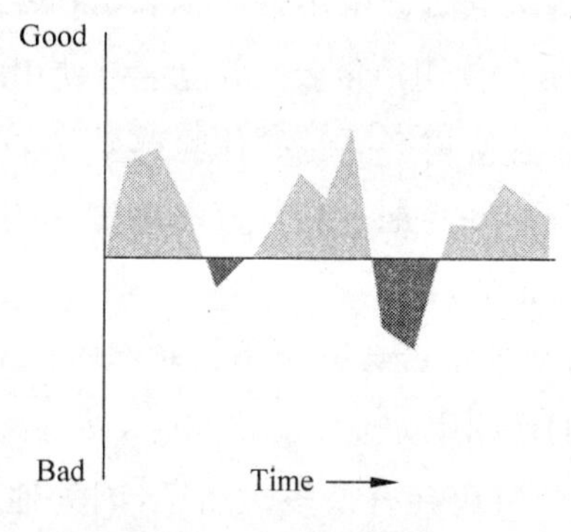

图 6-19　体验走势图

从卡纳曼的实验和理论中可以了解到：人类印象中对于某一经历的体验感受不等同于从中感受到的好的体验与坏的体验的总和；相反，它取决于一些关键瞬间的体验感受，并且接近于忽略其他瞬间。体验感受是一个趋势流，而记忆是一个印象的集合。

心理学家形容体验感受为持续的自我对话流或者随瞬间变化而变化的状态趋势流。当我们记忆某件事时，我们不仅仅会“回放倒带”以重新体验这个趋势流，我们的大脑还会对某个关键瞬间进行重点记忆并加深印象，并逐渐遗忘关键瞬间与关键瞬间之外的“噪声”，同时对峰值和重点进行加强记忆。

就像卡纳曼所说的，人类都有两个自我：一个“感受自我”和一个“记忆自我”，这两个自我在认知事物上存在不同，甚至是冲突。

一方面，我们的“感受自我”会询问自己“我此刻的感受怎么样”，同时体验感受事件的每一个瞬间，获得愉悦、无聊、焦躁和恐惧等体验；另一方面，“记忆自我”会询问“我当时的总体感觉如何”，它会通过回忆一些关键点获得感受（峰值和终点），并忽视其他瞬间感受，以此总结事件带给自己的体验。

最终，“记忆自我”占了上风，因为它决定了我们能从体验感受中获得什么，它决定了我们怎样描述获得的体验感受，并指示我们之后的行为。换句话说，用户的“记忆自我”决定了是否喜欢你的产品，是否会再次使用你的产品，以及怎样向他人描述你的产品。而“感受自我”只是用户做出这些决定的被动旁观者。

如果记忆中的体验感受与我们当场体验的感受是那么的不同，并且“记忆自我”是最终的决定者，那么我们是否还需要花费精力在用户体验设计上？我们应当把自己当作用户体验设计师还是用户记忆设计师？答案是肯定的——两者都需要。

作为用户体验设计师，我清楚地知道用户可以随时离开我们的网站。很显然，花费精力设计一个优秀的结尾是没有价值的，因为用户根本就不会看那里。作为设计师，我们需要做的是试图消除页面中不好的体验，这也是为什么可用性测试变得越来越重要：我们试图设计一款用户希望的并且能够使用的优秀产品。

但同时，我们也需要考虑使用产品时的体验感受是如何演变成积极的印象，促使用户继续使用我们的产品，并且愿意将其分享给别人的。因此，我们在设计时需要同时考虑“感受自我”和“记忆自我”。

思考一下你所设计的结尾是否会影响用户对你的产品的体验评价。这里的结尾可以认定为“用户在你的产品中完成了一次操作，并且离开了一段时间”。如果你的产品很优秀，那么同一个用户会有很多次结尾，因为他们会重复使用你的产品。那么这些已完成的结尾将变成用户对你的产品的总体体验感受中的一个瞬间，这个概念称为可扩展的体验。

顺便说一句，我并不是说产品的开头不能够让你的用户眼前一亮。已经有很多理论证明了优秀的产品起始部分能够愉悦用户，并能够积极地影响用户接下来使用产品时获得的体验感受。卡纳曼的研究证明了起始部分不是唯一能够影响用户体验的关键部分，结尾也一样重要。以我的经验来说，结尾部分的设计往往更容易被设计师忽略。

这里有一些优秀的网络产品结尾案例。

（1）当用户阅读完一篇文章后，用户在结尾看到了一些相关文章的推荐。

（2）用户在电商平台挑选完商品进行结算时，用户可以直接作为游客进行结算，而不需要被强制注册。

下面几个是结尾设计得不好的案例。

（1）当用户阅读完一篇文章后，用户在结尾看到的是一些可点击的垃圾广告。

（2）当用户试图离开网站时，跳出一个弹窗尝试获取用户的电子邮箱。

（3）当用户在一款App中完成注册后，用户收到了一封简单、粗糙的欢迎邮件。

当人们回忆体验感受时，往往只会回忆起一些关键瞬间带来的体验，但却忽略了整个体验过程的长度。这意味着在一些情况下，你可以比你想象的更加自由地控制用户体验的节奏。在适当的场景下，你可以找机会放慢节奏以创造更好的体验。

是的，现在的网站、App都属于快速媒体，用户在碎片时间中快速地浏览、获取信息，在这种场景下，用户的注意力都是不集中的。即使这样，我们也不能将“don't make me think”的哲学贯彻得太彻底。相较于花费大量精力设计一个让用户能快速且少量思考的体验方案，不如设计一个时刻，一个能够促使我们主动回味我们正在体验的微瞬间。

举个例子，VUE视频App在新手引导流程中展示了一些使用技巧，如图6-20所示，虽然这样做增加了流程的时长和思考难度，但是却帮助新手用户快速掌握了使用VUE的一些技巧，并潜移默化地增加了新用户使用VUE的积极性。

图6-20　VUE视频App

心理学家Dan Ariely在他的博客上讲述了一个锁匠与他分享的工作经历：以前，锁匠开锁需要花费很长时间，甚至需要将整个门破坏，那个时候，顾客通常会很满意地付给锁匠报酬，甚至还有丰厚的小费；但现在，开锁的设备更加先进了，锁匠开锁花费的时间越来越少，锁匠能够在三四分钟内就将锁打开，然而顾客却变得越来越吝啬，锁匠再也收不到丰厚的小费了，并且常常被人们抱怨要价偏高，他们认为锁匠将锁打开并不用花费太多的功夫。

作为旁观者，我们知道锁匠的技艺提高了，效率提高了，但得到的却是更少的报酬和更多的抱怨。顾客权衡价值的标准并没有和开锁所需要的时间积极地关联起来，他们衡量价值的标准是锁匠在开锁时究竟花费了多少功夫。

美国的申报个人所得税网站采取了智能延时的模式以让用户认为网站在花费时间“努力”计算你的结果，其中一个方法就是使用图6-21所示的提示框。

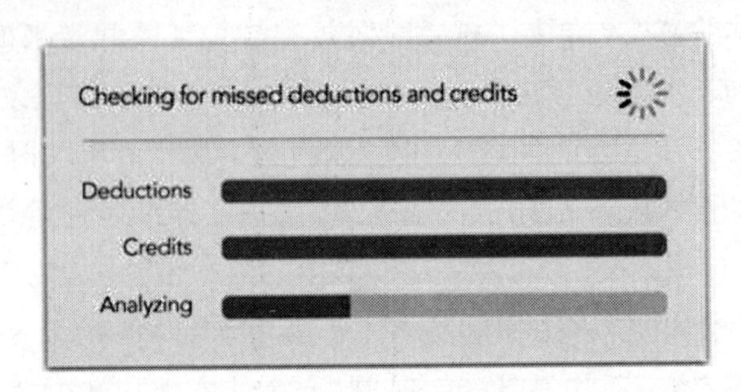

图6-21　美国申报个人所得税网站的分析界面

实际上，网站并不需要反复查询和分析你的数据，但当你看到这个提示框时，难道你不会认为它正在专心地为你服务吗？换句话说，这个提示框只是一个安慰剂，并不具备功能上的作用，并且滞后了体验感。这种情况下，让整个体验的时间延长实际上增强了用户对于体验的记忆印象。

峰值瞬间是注定会被用户牢记的关键点。而所有被牢记的瞬间都有一个共同点：它们都试图加强体验带来的情感。近十年来已经有很多相关研究验证了人类的记忆是偏爱情感类事件的；也就是说，事件本身能够给人带来越多的情感波动，那么该事件就越容易被人记住。

Don Norman和Aaron Walter一直在研究和发表情感式设计的相关文献。情感式设计的目的是通过可用性与功能设计创造峰值瞬间，从而被用户所牢记。我个人最喜欢的情感式设计方法是让用户在使用产品UI的过程中主动发现一些惊喜的瞬间。

作为设计师，创造峰值瞬间意味着不要只专注于为每一个需求点设计优秀的体验方案，我们要学会从更广的层面做设计。几年前，Don Norman向我们讲述了他向别人询问在迪士尼乐园游玩时发现的最糟糕的环节，或者新款iPhone里最糟糕的设计。每个人都能说出几个糟糕的瞬间或者设计，但当Norman询问他们是否会向别人推荐迪士尼乐园或者新款iPhone时，几乎每个人都给出了肯定的答案。Norman总结道：完美的细节体验是很难实现的，用户总会发现这样那样的问题，整体体验才是最重要的。

作为交互设计师，我们的工作不应仅仅是发现并解决那些体验细节。参考上面的峰值-终点的图表和案例，我们可以发现峰值瞬间带来的体验感受是可以在一定程度上拯救糟糕设计所带来的负面体验的。

例如，图6-22所示的两个用户体验历程基本相同，只是右图中有一个很糟糕的负面体验瞬间。我们可以预测设计师一定会致力于解决这个糟糕的体验瞬间，而不是创造一个峰值体验瞬间。结局就是交互设计的更新消除了这个糟糕的体验瞬间，让整个体验历程变得更加平滑，如同左图那样。

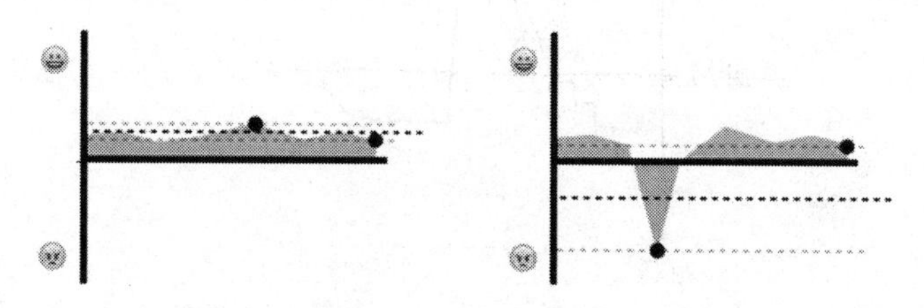

图 6-22　体验走势图(1)

相反，我们还可以这样解决上述问题：设计一个情感化的峰值体验瞬间，这个瞬间所能够带来的体验感比糟糕的体验瞬间更强烈，如图 6-23 所示。理论上，一个更强烈的体验瞬间可以掩盖和弥补另一个不太强烈的体验瞬间所带来的情感化感受。

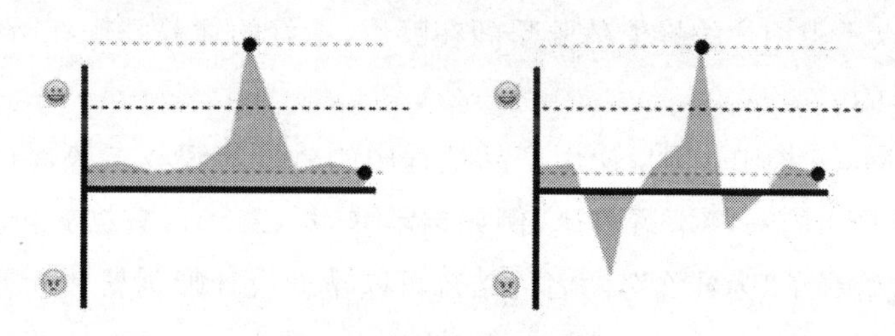

图 6-23　体验走势图(2)

专注于创造情感化的峰值瞬间与致力于设计平滑完整的用户体验流程之间的区别在于：平滑完整的用户体验流程是没有情感化爆点的，因此它不太容易被用户记住；而拥有情感化峰值瞬间的产品，即使它在某些细节设计上存在"槽点"，但它的爆点更容易被用户所铭记，并会以此为传播点而被用户分享出去。

Kurt Vonnegut 讲述了经典故事的基本走向。视频中，Kurt 展示的故事走向如图 6-24 所示，和卡纳曼研究的体验走势图非常相似。经典故事的走势是：平静的起点—缓慢发展—美好的高潮—大转折—紧张的发展—美好的结局。

实际上，有人发现几乎所有的迪士尼电影都是按照上图的走势发展的。迪士尼电影几十年来已经按照这个"公式"积累了大量的票房！你发现这个公式的特别之处了吗？它在故事发展中设有一个峰值瞬间和一个峰值结尾。

人类的记忆将体验趋势流简略为一个个印象瞬间，故事以一系列有序的瞬间构成了开端与结局，并随着规则向好或向坏发展。我们善于将记忆中的体验瞬间编织成我们认为情节合理的故事。

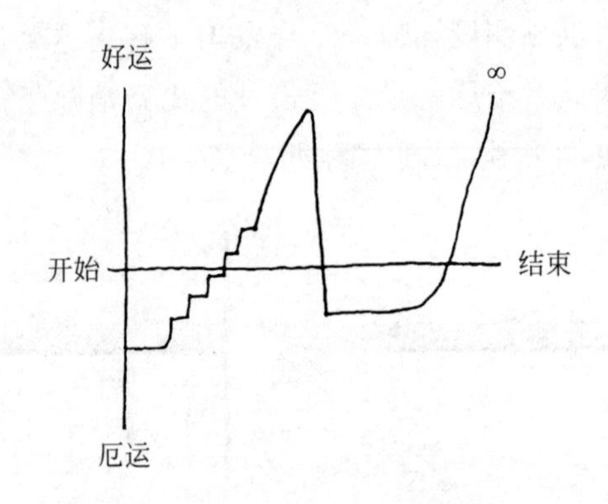

图 6-24　体验走势图(3)

因此，我们应该怎样利用这个天赋？将故事思维运用到体验设计上的方法就是体验地图。体验地图可以将定性和定量研究结合起来，并且可以将用户通过使用产品而获得的体验印象视觉化。体验地图最主要的优势是可以将体验流程或走势视觉化，从中可以看出用户的峰值体验瞬间在哪里，不好的体验瞬间在哪里，整个体验的终点是怎样的。

Donna Lichaw 指出：用户使用产品过程中的体验流程或走势都可以用数据以及故事叙述结构中的一些术语表达，例如启承、转折、高潮。数据分析解释了“什么事”，故事结构解释了“为什么”，两者的结合可以帮助设计师创新体验方案与验证设计成果。

6.5　简单，复杂性

简洁的界面却蕴含着深刻的复杂性。

在人机设计学中，一个引人入胜的难题是：我们并不能基于用户界面的视觉感受而准确评估操作的复杂程度。然而，我们却总是这么做：基于眼前的视觉或空间元素判断事物的复杂性，基于屏幕的判断尤其如此。简而言之，呈现在屏幕上的元素越多，用户就越有复杂度高的第一印象；反之，屏幕元素简单，人们就会得到“这很简单”的印象。这其中的奥妙在于，我们不能基于目测判断产品的用户体验，我们不能基于此获得真相。

然而，当我们接触新的应用程序、网站或者软件时，我们总是会这么做：基于视觉感受判断产品的用户体验的好坏。

在人机工程学的咨询过程中，我不断遇到这个问题，它无处不在，我将其称为“简单/复杂性误解”。这个问题在现实生活中随处可见：我们使用的软件、驾驶的汽车、厨房电器、媒体系统等，当然，也包括我们免费或付出很小成本而下载的免费程序。“简单/复杂性”可以简化为：视觉复杂性与认知复杂性之间的差异。

是的，我们完全可以创造出第一印象简单，但用户却越使用越困难的产品。这种“简单/复杂性”的用户体验对于持续的市场营销具有重要意义。

“简单”的第一印象的重要意义已经不用多言了，这已然成为当代用户体验设计的口头禅。基于这样的方法（也称为“极简用户体验”），设计师删除了用户界面上存在的所有复杂图形。然而，很少有设计师思考：这样的努力（简化图形）能在多大程度上帮助我们降低操作的复杂性。

时至今日，我们所见到的基于最新操作系统的应用程序或者软件产品的界面看上去都很简单，但实际操作起来却复杂到令人惊讶。

具体而言，几十年的研究表明，人们掌握的所有技能，包括如何使用设备，以及操控看似简单的机器，几乎都会遵从练习的幂函数定律，这个定律是指练习能够增强人们的技能，但是在到达某一个临界点之后，反复的尝试可能都不会再带来任何改善。这个结果显示出实际的幂函数分布曲线——著名的长尾理论。这个定律的有趣之处在于，习得一项技能可能需要很短或者很长的时间，这取决于任务目标的高低（掌握 70%还是 90%），但其中的模式是基本不变的。

尽管大部分用户体验设计师都没有意识到这一点，但这个简单的概念（练习的幂函数定律）无处不在，生活中的高科技设备无一不具有这样的现象。

此外，一个看上去简单的、可快速上手的产品却让用户在实际使用中付出了巨大的努力，一次次地产生挫折感，这一定会影响用户对这个产品、品牌或者公司的感受。这就是前面所讨论的“简单/复杂性”，这其实并不神秘，设计师可以通过人机界面设计对用户的学习曲线产生戏剧性或可测量的影响。

一个设计师如果缺乏基本的认知科学知识（包括那些会使学习和使用变得复杂的因素），这会是一个大问题。对于一个简单的游戏，通过调整容易控制又很好理解的变量可以创造出极高的认知复杂性。

下面是以快速技能获取为目的的产品中影响人机界面的因素。

1. 迁移

当与客户合作提升产品的可用性时，我听到的第一个问题几乎都是“有什么方法能够最快、最简单地使产品、软件、应用程序易于使用”。而答案总是会让提问者很意外：解决复杂的界面设计问题的最快、最低成本的方法是让新设计的系统从第一个界面到完成目标的全过程都让用户感到很熟悉。

在这里，我们利用了一个简单的认知科学知识：将用户之前学习过的技能运用到新系统的学习中——这是设计师能利用的最大资源——学习迁移。学习迁移是技能习得研究的重要领域。驾驶汽车是一个正迁移的例子，当你坐进最近50年生产的任何一辆汽车时，你会发现基本一致的用户体验配置——方向盘、刹车、油门、转向灯等，它们的位置和基本使用方法都高度一致。所有事物都是人们熟悉的，于是人们自然而然地产生了正迁移。但是你也会发现不一样的地方，这些地方通常涉及热交换系统、通风、收音机、蓝牙、GPS、车内照明灯、USB接口等辅助控制界面。

事实证明，对于用户体验设计来说，要想产生与其他设备完全没有正迁移的用户界面模式是非常困难的。我们可以尝试体验点击触摸屏控制垂直运动的小物体，这是一种相对复杂的物理控制方式，并没有得到广泛使用。因此这种操作无法发生迁移，更没有发生正迁移。一个人不经历几次尝试是不会注意到这种交互设计的新颖性的，这种迁移的缺乏在2小时之后变得更加明显。用户也开始意识到，看似简单的背后隐藏着深刻的复杂性。

2. 控制/显示兼容性

在人机工程学领域中有一个简单的概念，称为“控制/显示兼容性”，这个词听起来很学术，但却时刻发生在我们身上。“正迁移/控制/显示兼容性”是否存在对一个设备或者产品是否易于操作具有重大影响。

“控制/显示兼容性”是衡量控制输入端和信息显示之间的关系的度量指标。如果用户的操作结果在意料之中又易于理解，则可以判定这个设备是高“控制/显示兼容性”的。例如，一支铅笔就具有很高的“控制/显示兼容性”，因为当你握住铅笔写字或画画时，控制结果和显示结果都符合你的期望。

什么意思？对于同样的动作，我们会期待熟悉的反应。对于新手来讲，这可以称为反馈。例如，你在iPhone中按下字母A，屏幕的文本位置就显示A。这是由复杂世界的反复作用形成的固定模式。这样的模式已经深入了我们的认知过程，几乎是不可逆的，成了我们使用设备或者软件的自发反应。这就是通过简单地点击屏幕控制物体的垂直运动会令人感到心烦的根本原因。

在我们的技能库中，一个简单的点击动作的预期结果是添加字符、链接或者对象。点击屏幕则有所不同，由设备上的音频和显示替代了按键行程。iOS和Android设备均属于这样的交互模型。人机研究表明，点击触摸屏的效率不如物理按键，但触摸屏也有很多好处可以抵消这个不足。

3. 容错机制

在用户体验视角下的人机界面设计实践中，存在一条关乎专业信誉的基本法则。几十年来，这些法则已经在人机交互范围内被广泛采用，其中的核心概念是容错。简单地说，合理的人机交互界面应当允许误差的存在，并能校正误差。缺少这种容错机制会使操作变得复杂、刺激而令人沮丧，在一些情况下还会导致严重的后果。这样的系统设计（无容错机制的设计）既不利于技能的快速掌握，也无法给用户纠正错误的机会。

容错设计已经成了设计中非常重要的方面，其重要原因在于人在操作过程中存在不稳定性，工艺复杂性也在增加。尽管人类以最灵活和最巧妙的技术为傲，但我们却依然容易出现不可预测的错误——尤其是当我们面临压力、干扰、焦虑或者情绪低落时。

我们在与外界互动时缺乏有质量的控制能力，这正是为什么几代工程师都试图发展自动化技术以协助处理的原因（可惜还未成功）。回顾历史，容错低甚至无容错的人机系统最终都会遭遇相当悲惨的下场。在自然灾难面前，比如日本的核泄漏事故，都是由于相关人员没有及时察觉和纠正系统中出现的错误所导致的。

如果飞机没有容错设计，那么飞行员的一个极小的错误就有可能导致飞机在空中爆炸。

4. 奖励制度

过去几十年的研究让我们知道人存在两种形式的动机：外在动机和内在动机。外在动机是相对表面的、以获得外部利益为目标的；而内在动机则与内部的满意度相关联，比如喜欢学习新技能、结交新朋友、赢得同伴的尊重等。

现实世界中，内在动机和外在动机往往相互交织。当你结交了爱打网球的朋友后，你也会开始喜欢上这个运动，并且通过这项运动在同伴中得到更多的关注。这个简单的例子告诉我们，不同的动机往往是复杂地交织在一起的。

5. 娱乐场所

最近，大量的认知科学在研究关于娱乐场所的环境对赌徒行为的影响。在大多数赌场中最流行的是什么？你可能会惊讶地发现，最流行的往往是风险最低的老虎机。更多的赌徒会在这个机器上逗留几个小时，停留时间远远超过其他游戏。

原因何在？让我们看看老虎机有怎样的属性：非常简单的心智模型、非常低的技能要求、高度重复且没有容错机制。游戏产生的结果只有两种：赢或者输，然后从零开始。老虎机在设计上界面简单、操作成本低。老虎机最重要的技术就是快速将机器复位，你可以连续不断地往里面投硬币。有趣的是，提高老虎机的盈利能力的关键主要是在投币环节引进全自动的移动收费，比如支付宝支付或微信支付，更少的交易环节意味着更快地赢得更大的奖励。

6. 简约的挑战

过去十年的研究揭示了我们如何快速地认知事物。也就是说，基于第一印象做出判断的现象在生活中广泛存在。换句话说，我们对周围事物的判断往往并没有达到意识加工的水平。

在进入意识加工之前，我们已经做出了判断：判断一个网站是否利于新人使用、设计是否精良等，都是在亚秒级的时间内完成的。这些判断一旦定型，就会在我们的脑海中持续很久，很难再改变。

回顾前文的“简单/复杂性误解”可以看到，一旦用户在第一眼看到产品时就觉得产品简单，那么他们就会觉得这款产品的操作也很简单。

第7章　界面设计

理想状态下，我们希望用户可以轻松地在系统中找到他们所需要的信息，无须寻求任何资料的帮助。然而，对于一些类型的帮助，资料文件或许还是有必要的。当用户需要帮助的时候，我们需要保证他们可以很容易地找到针对任务的帮助，并利用合适的方式指导他们一步步地得到解决问题的方法。

7.1　移动端搜索设计

不同的 App 或者不同场景中的搜索入口有着不同的表现形式，具体的表现形式取决于产品对搜索功能权重的定义。如果说在某一个场景下的搜索功能是用户常用的核心功能，那么它在界面上所表现出来的权重就会更高，反之则更低。

1. 搜索入口

如图 7-1 所示，搜索入口是常见的搜索功能的入口形式，它们的权重从左到右依次降低，下面对它们进行精细分析。

如图 7-2 所示，搜索被放在标签栏上作为一个独立的功能模块，它的功能层级是最高的。不管用户操作到哪里都可以随时进入搜索页面，这样的搜索入口通常用在搜索场景非常多的内容型 App 中，以方便用户随时都可以快速进入搜索页面。

如图 7-3 所示，这样的形式具有两个设计关键点。

(1) 搜索框外露在顶部导航条。

搜索框直接外露在顶部导航条是为了突显该功能，这一功能往往是用户在该页面非常核心的操作任务，类似天猫、京东等电商 App，通常情况下，用户都是带着明确的目的前来购买东西的，那么他们采取的最快、最直接的方式就是搜索。

(2) 在向上滚动页面时，搜索框一直悬停在页面顶部。

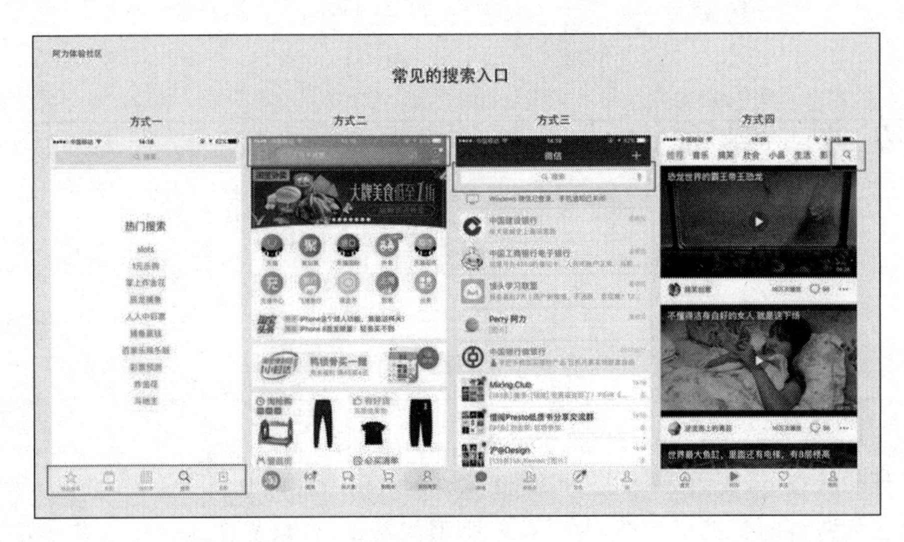

图 7-1　搜索入口

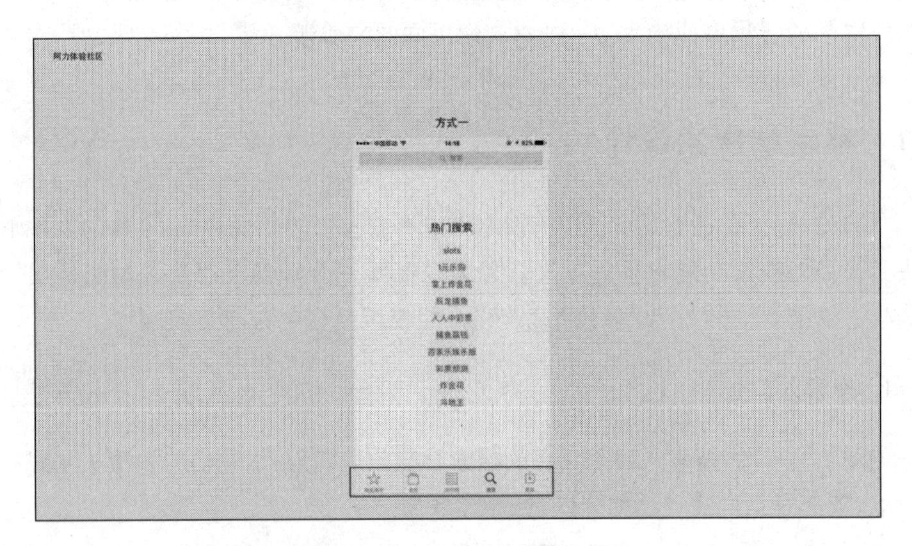

图 7-2　App Store 的搜索入口

当用户滚动页面寻找内容时，可能并不能找到自己想要的内容，这时搜索框一直悬停在页面顶部，一是为了暗示用户可以进行搜索，二是为了让用户在需要搜索时可以快速触发搜索。

图 7-4 所示为微信 App 首页的搜索入口，在初始化状态下，首页的搜索框不会出现在用户的可视范围内，当页面下滑时搜索框才出现，而通讯录页面中的搜索框则默认出现在用户的可视范围内。

分析：微信在首页和通讯录中的搜索框的默认状态不同，这很好地诠释了这两

图 7-3　淘宝 App 首页

图 7-4　微信 App 首页

种场景下的搜索功能的权重。首页的搜索入口更加隐蔽，因为在这个页面中用户产生搜索需求的场景很少，将其隐藏可以简化界面中的元素，提升了界面的美观性。

图 7-5 所示为今日头条 App 的搜索入口，点击页面右上角的“搜索”图标可以进入“搜索”页面。

分析：在界面权重上，这样的方式相对于以上三种方式来说显得较弱，因为在这样的场景下，用户使用搜索的概率并不高，如果把搜索外露就会占据更多的屏幕空间，破坏界面的权重等级和美观性。

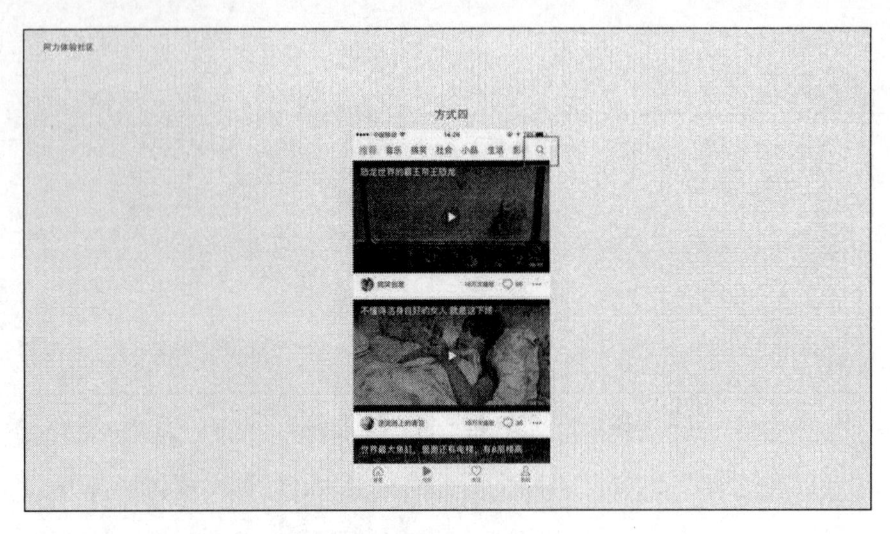

图 7-5　今日头条 App 的视频页面

总结：根据用户的需求场景将搜索入口放在不同的位置，如果该页面中的搜索功能是一个主要功能，就应该突显它，提升它在界面上的权重，反之则减少它的权重。

2. 搜索中间页

搜索中间页本来应该是一个轻量化的页面，用户在这里输入内容进行搜索即可。但是随着运营需求的扩张，这个页面逐渐成了运营重灾区，增加了很多推荐的内容。下面将从输入框提示信息、搜索分类、搜索历史、搜索推荐、搜索输入、搜索建议等方面分析这个页面的设计。

(1) 搜索框提示信息。

搜索框内的提示信息通常是提示用户当下可以搜索什么样的内容，如图 7-6 所示的 Bilibili(哔哩哔哩)App 的搜索提示，它告诉用户可以进行“视频、番剧、UP 主或者 AV 号”的搜索，这样的提示信息对用户而言也是一种良性的引导，可以给用户提供心理预期，同时也对用户随意输入关键词而造成搜索无结果的伤害体验进行了限制。例如一款房产 App，其搜索框提示用户输入楼盘或小区名称，如果没有这样的提示，有的用户可能就会输入价格以筛选房源，从而造成没有搜索结果的伤害体验，这句提示语很好地降低了这样的风险。

随着人们对 App 的熟悉，用户在这里的认知负担已经基本消除了，运营人员逐渐抢占了这个地方，这句话变成了内容的推荐或者产品的口号，这些推荐的内容可以是由运营人员手动维护的，也可以是依据用户的购买习惯和行为习惯而推荐的。图 7-6 右边所示为淘宝 App 的搜索提示，搜索框的文案变成了“红人最爱潮牌名

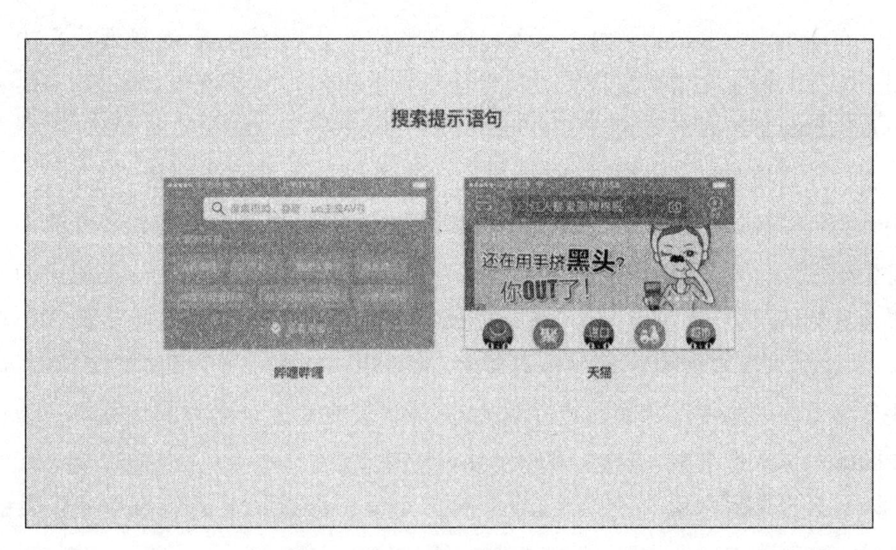

图 7-6　Bilibili(哔哩哔哩)和天猫 App

服”,这就是运营人员在为特定的内容进行导流。

(2) 搜索分类。

在内容型 App 中进行搜索时通常会对内容进行分类搜索,这是为了帮助用户更精确地找到相关内容,分类操作可以发生在搜索前,也可以发生在搜索后。图 7-7 所示为淘宝、微信、网易云音乐这三款 App 的搜索分类的形式。下面将分别对它们进行分析。

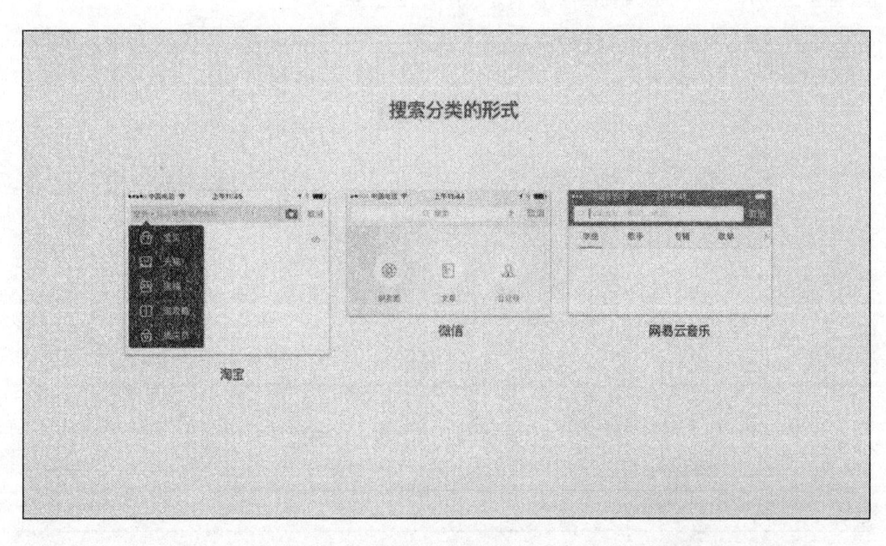

图 7-7　淘宝、微信和网易云音乐 App 的搜索分类形式

淘宝将搜索分类前置,默认为搜索宝贝,点击后会弹出浮层进行切换。这样的

形式存在一个明显的缺点：由于该入口所占的空间位置不显著，会导致用户的感知太弱。这样的形式通常用在用户只搜索某一分类的内容的情况下，淘宝用户的大部分搜索场景都是在寻找宝贝。

微信默认搜索所有内容，将分类通过三个很显著的入口放在搜索框下方，点击某一分类可以跳转到该分类的搜索界面，同时搜索框的文案以及搜索界面的内容都会发生相应变化，提示用户搜索范围已经改变。这种方式通常用在分类搜索的场景都很常见的情况下，其缺点在于，从界面的表现形式来看，这三个分类更像三个功能的入口，它们与搜索框的联系不是很紧密，很多用户在最开始使用时并不知道点击这些分类可以限制搜索范围。经过测试，三个从未使用过该功能的用户都认为点击朋友圈即可进入朋友圈，点击文章即可显示所有文章。

网易云音乐将搜索分类后置，我会在后文关于搜索结果的展示中分析它的优劣势。

(3) 搜索历史。

搜索历史可以记录用户的足迹，方便用户快速向以前搜索过的内容进行转换。在设计上，我们需要注意把搜索历史和搜索推荐区分开，在位置上尽量让搜索历史更靠近搜索框，如图 7-8 所示，因为从认知心理学的角度来讲，越靠近搜索框的内容越能表示它是搜索历史。在表现形式上，搜索历史和搜索推荐要尽量采用不同的表现形式。搜索历史伴随的交互操作有删除单条记录或者清空搜索历史，但设计师往往会被运营人员要求将搜索推荐放在搜索历史上面。

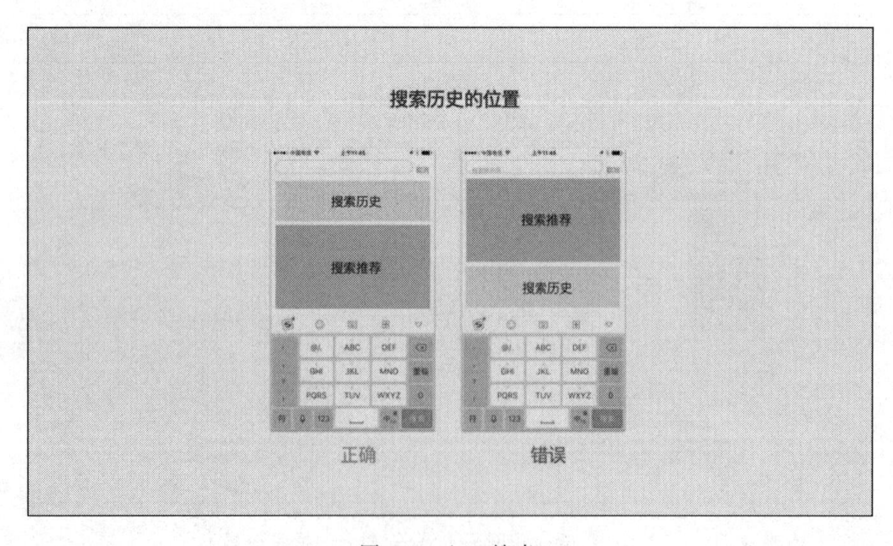

图 7-8　App 搜索

（4）搜索推荐。

这里的搜索推荐通常有以下三种来源。

① 按照用户的搜索热度进行推荐。

② 由运营人员手动配置。

③ 按照搜索行为进行计算和推荐。

搜索推荐的目的主要有以下两个。

① 挖掘用户的潜在需求，让用户可以更快地找到需要的内容。

② 作为运营位为特定的内容导流。

推荐内容和搜索历史要有明显的区分，方便用户从形式上一眼就能区分搜索历史和推荐内容。尽量推荐一些对用户真正有价值的内容。

（5）搜索输入。

受移动端操控方式的限制，用户在输入搜索内容时存在两个明显的痛点：修改内容和输入速度。

① 修改内容。当用户想更改一部分文字时，将光标移动到想要更改的地方是一件困难的事，点击操作真的很令人抓狂，通常情况下，我宁愿重新输入搜索内容。针对这一痛点，搜狗输入法设计了一个很人性的交互：按住键盘左右滑动即可移动光标，如图7-9所示。

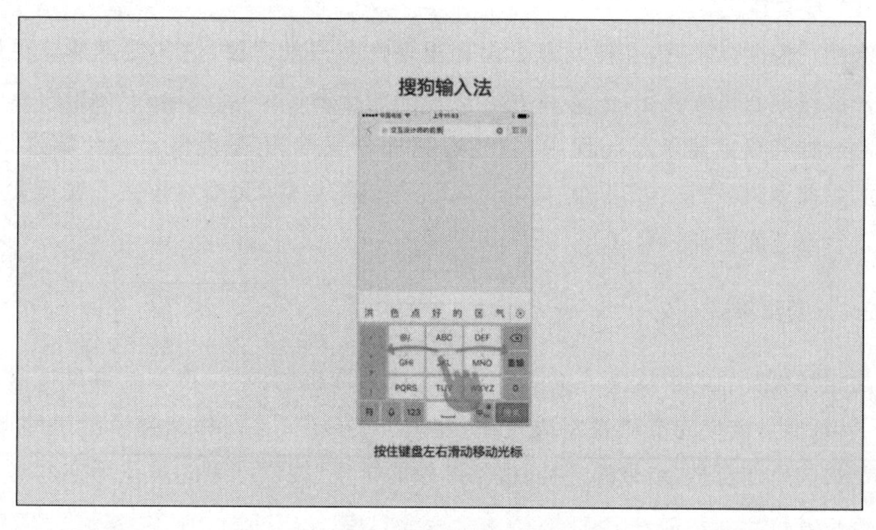

图7-9　搜狗输入法

② 输入速度。我在很久之前偶然发现了UC浏览器在输入文字时设计的一个交互功能，如图7-10所示：当输入文字后，用户可以将搜索建议的词语直接加入搜索框，然后继续输入文字。这样的需求场景很常见，比如我想搜索“交互设计师的前

景”，当我输入“交互”二字之后就会出现“交互设计”的搜索建议，点击搜索建议后面的箭头即可将这个词语直接加入搜索框，然后就出现了“交互设计师的前景”的搜索建议，点击搜索建议即可进入搜索结果的页面，在这个过程中，我少输入了很多字，我的搜索速度得到了很大的提升。

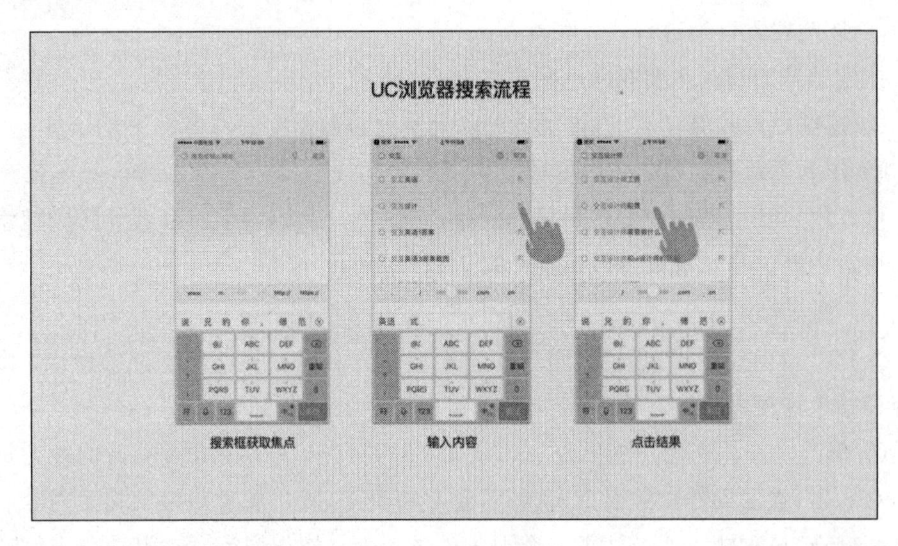

图 7-10　UC 浏览器

(6) 搜索建议。

当用户输入内容后，在搜索框下面会出现许多搜索建议，这些搜索建议可以帮助用户快速地向目标转化，图 7-11 所示为京东的搜索建议，当我输入“画框”后，一系列有关画框的搜索建议就出现了，它还有另一个亮点，就是提供了细化筛选条件，“画框”后面紧跟了“长方形”“实木”“正方形”等筛选条件，为用户省去了在搜索结果页面进行筛选的步骤。

3. 搜索结果

搜索结果背后的逻辑决定了用户是否能找到准确的内容，搜索结果是搜索过程中最关键的点，结果的准确性将决定用户体验的好坏。下面将从搜索结果的形式、搜索结果的操作、搜索结果的分类、搜索结果的排序、搜索结果的算法等方面对搜索结果进行分析。

(1) 搜索结果的形式。

搜索结果一般分为两种形式。第一种形式是所见即所得，在用户输入内容后，出现在搜索框下面的搜索建议就是搜索结果，这种搜索形式通常出现在一些轻量化的 App 中，因为搜索建议对应的就是唯一的搜索结果，如图 7-12 所示。

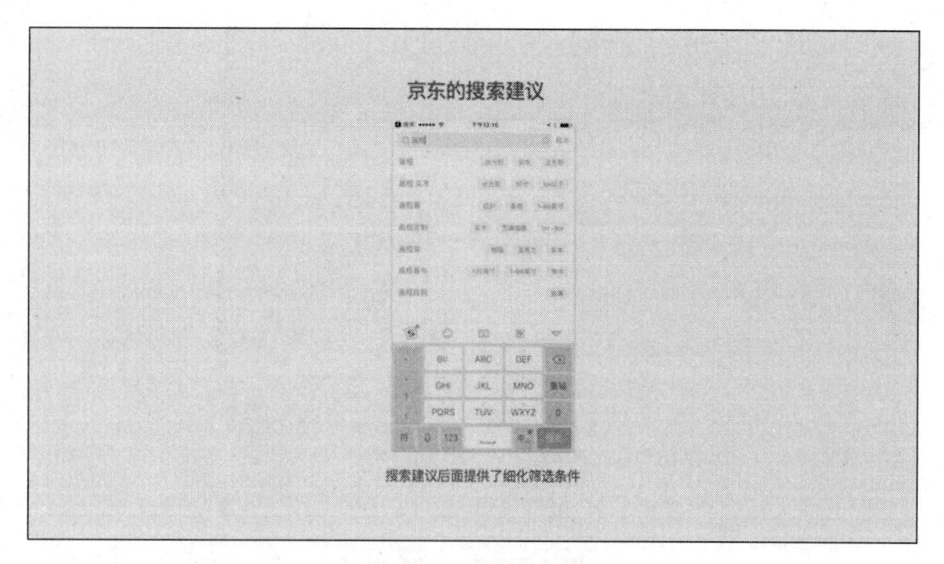

图 7-11　京东的搜索建议

图 7-12　微信的搜索结果

第二种形式是一个关键词对应多个搜索建议，每个搜索建议又对应多个搜索结果。用户在点击搜索后会进入一个专门的搜索结果页面，如图 7-13 所示。

(2) 搜索结果的操作。

根据用户的需求和目的，搜索结果列表可以外露用户在大部分情况下会采取的操作，比如视频类网站在用户搜索某一内容后最常采取的操作就是播放，可以把“播放”按钮外露，从而缩短用户的操作路径，如图 7-14 所示。

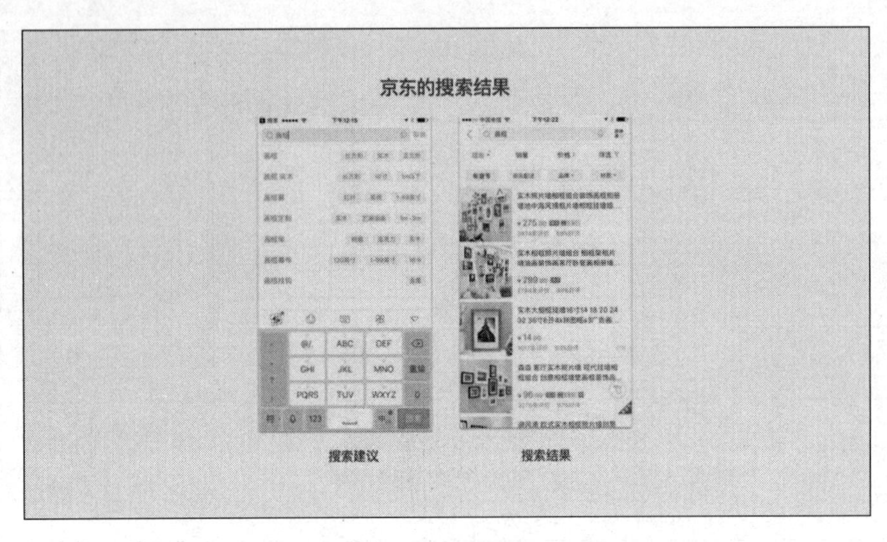

图 7-13　京东的搜索结果

图 7-14　爱奇艺的搜索结果

(3) 搜索结果的分类。

搜索结果的分类方式通常是标签切换和卡片式。图 7-15 所示为微信和网易云音乐的分类方式。

这两种分类方式都有各自的应用场景。标签切换主要应用在搜索结果为固定的几种分类的情况下，并且在通常情况下搜索结果有很多的分类，如网易云音乐，每一个分类下又有很多搜索结果，如果采用卡片式的瀑布流布局，用户需要不停地往下翻才能看到第二种分类的内容。卡片式主要应用在搜索结果不多的情况下，如微

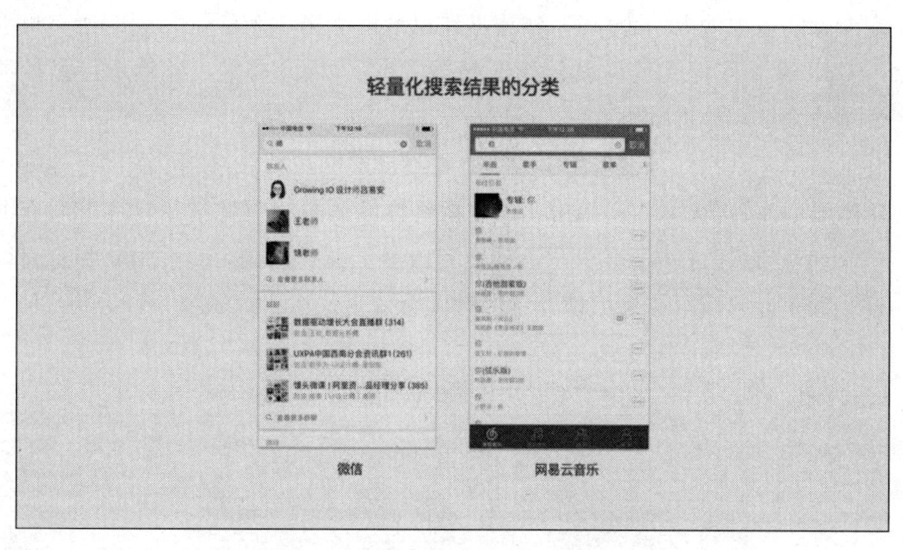

图 7-15　微信和网易云音乐的分类方式

信，每一类的结果并不是很多，卡片式的瀑布流布局能让用户快速定位到自己需要的内容，如果采用标签切换，由于每一类的内容都很少或者很多分类中根本没有内容，那么这样的设计就会使用户体验下降。

(4) 搜索结果的排序。

搜索结果的排序是一个比较复杂的工作，涉及很多算法和逻辑，一般的垂直内容型 App 并没有设计复杂的算法，按照搜索关键字一一匹配即可，如图 7-16 所示。

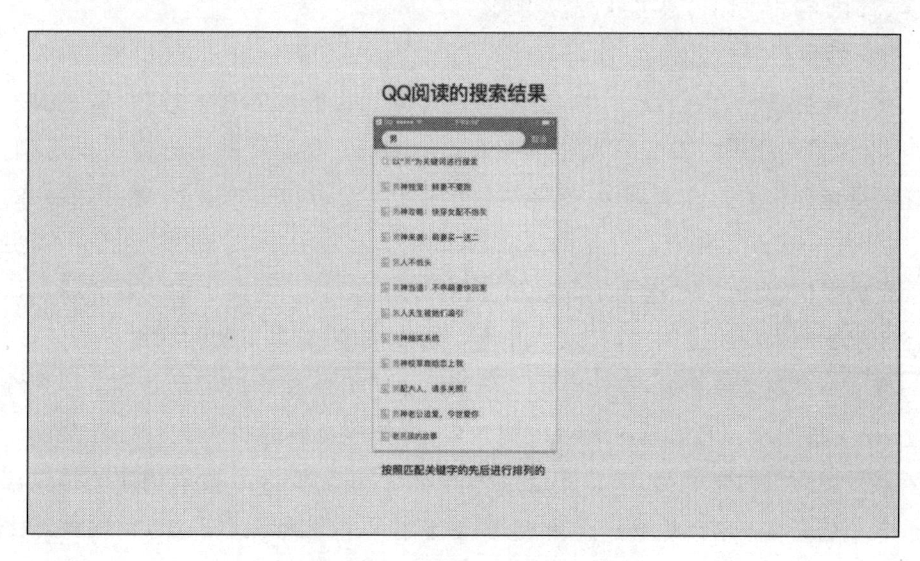

图 7-16　QQ 阅读的搜索结果

在 QQ 阅读中输入一个“男”字，搜索建议给出了第一个字是“男”的所有可能的结果，当第一个字匹配完成后就开始匹配第二个字，依此类推。整体顺序是按照匹配关键字的先后顺序进行排列。

我们通常可以看到，大量的内容都是按照特定的逻辑顺序排列的，有的顺序可以在筛选器中设置，比如电商 App 中的“按价格高低排序”“按销量排序”等，有的顺序则是根据业务原因排序的，用户不能自行改变。总体来说，每个 App 都有自己特定的逻辑顺序。当搜索结果出现异常的时候会发生什么呢？如图 7-17 所示。

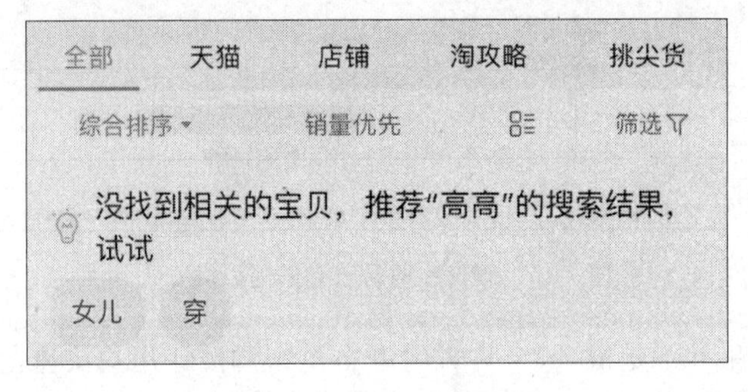

图 7-17　淘宝的搜索结果

① 搜索结果零匹配时会出现一些相关词组选项，这些词组通常是用户给出的搜索内容的分词。

② 当用户打错字的时候，结果页面将优先显示正确词组的匹配内容，前提是其他字或词要与相关内容高度匹配。

（5）搜索结果的算法。

在设计搜索时，我们假设用户会进行带有强烈目的性的搜索行为，但在很多情况下，漫无目的的用户的数量也非常庞大。热搜是一种非常棒的分流手段，我们可以递进地拓展相关的模块，比如在搜索栏下放置经常访问的博主、头条号、专栏的入口，或者在电商 App 中针对经常购买、浏览固定商家的用户，在其搜索过程中变更某个固定的模块，为他们推送固定商家和在售商品的信息。根据用户的行为特点让内容定制化上升为模块定制化，打破 App 模块分配固定、难以调配的局面。

搜索将会越来越智能，算法当属其核心。首先介绍搜索的物理逻辑：用户输入信息，系统根据输入的信息匹配对应的内容，再按照特有的逻辑进行排序展示。这个表述只是简单的介绍，如果想知道具体的原理，还需要深入搜索词库的建立。每个搜索系统都有一个词库和一个索引库，它们可以快速地关联匹配，词库就好比一本书，索引库就好比书的目录，当你想翻阅某个内容时，就可以根据目录找到页码，匹配到相关内容。实际上，“查书”这样的动作就已经构成了一个简单的搜索过程。

那么,机器检索究竟复杂在哪里?下面介绍一个新的概念:分词,如图7-18所示。

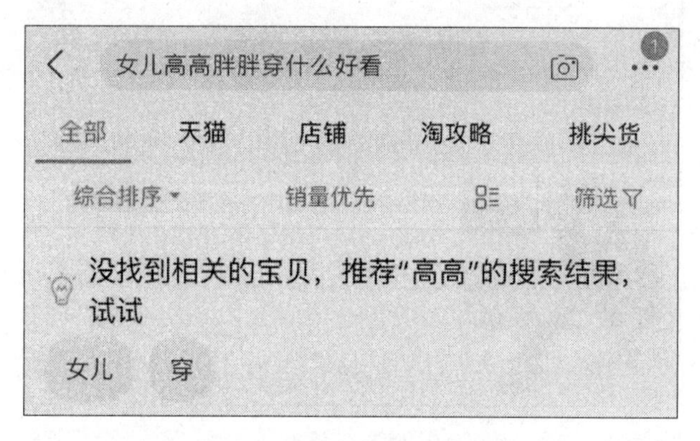

图7-18　淘宝的搜索结果(1)

你会发现,这个搜索文本的结构非常的口语化,“女儿高高胖胖穿什么好看”更像是一个问句,很明显,用户对于搜索内容没有明确的预期。如果用这样口语化的描述性文本在淘宝中进行搜索,搜索结果将会是没有匹配。

既然这样搜不到,那么我们换个思路再试试。将“女儿高高胖胖穿什么好看”换成“高个的女孩穿显瘦的服装”这样的文本进行搜索,如图7-19所示。

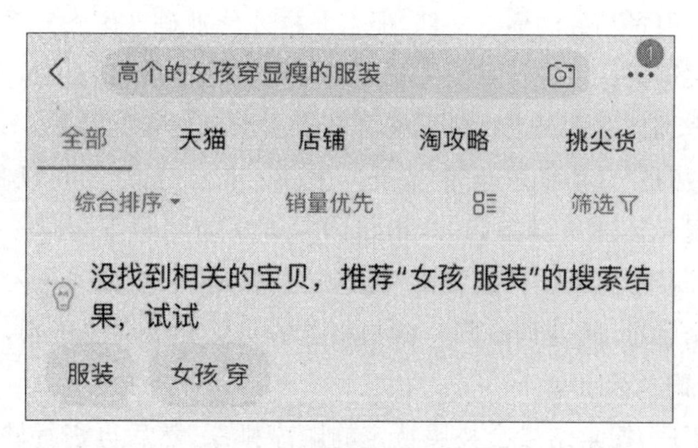

图7-19　淘宝的搜索结果(2)

还是没有结果。干脆再简化字段以扩大搜索范围,将文本换成“高个女显瘦”进行搜索,如图7-20所示。

结果匹配到了漂亮时尚的丝袜,搜索完成。

重新梳理一遍搜索过程。我们从“女儿高高胖胖穿什么好看”这样的非结构化文本,到“高个的女孩穿显瘦的服装”,再到“高个女显瘦”的简化过程就是一次人工分词操作,足够智能的搜索引擎可以自动完成这些操作。

分词可以简单表述为拆分字符串。例如,“三国时期的军事家司马懿”可以拆分

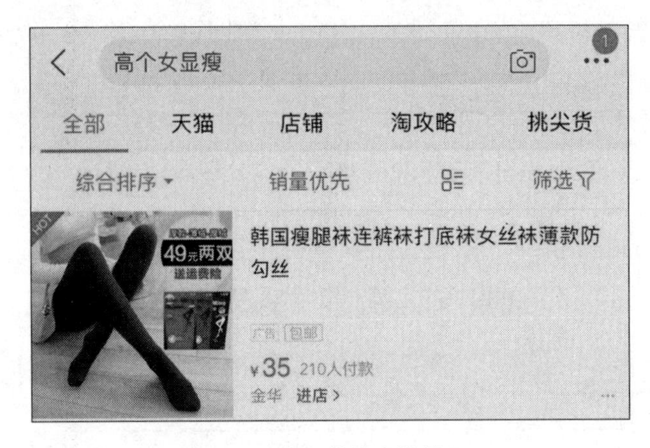

图 7-20　淘宝的搜索结果(3)

为“三国时期”“的”“军事家”“司马懿”这些词组。在分词系统中，“的”“是”“在”是常见的停用词，通常会被直接过滤掉，词组可以进一步拆分为“三国时期”“军事家”“司马懿”。经过这样的处理，非结构化的内容就会转化成结构化的内容和匹配度高的词组，可以轻易地匹配到需要的内容。

说到词库，必须介绍搜索系统匹配关键词的规则。假如用户在百度上搜索“苹果”，但“苹果”有很多相关的信息文档，那么怎样才能准确匹配呢？系统需要提取这些信息文档的关键词。系统计算出文档里的每个词的值后将它们按降序排列，取排在最前面的几个词与搜索词进行匹配就可以得到准确的匹配结果，不会出现搜的是“苹果”，出来的却是“青苹果乐园”的情况。另外还有打分系统，可以将好的、召回率高的内容优先展示。还有词条归一，指将同一词义的词组归为同一个词，比如“苹果”的别称有“蔷薇科苹果属果实”“柰”“滔婆”“apple”“りんごちゃん”等，这些词组其实都是同一个意思，所以词条归一就是将这些词组归为同一类别，从而扩大匹配范围，提高关键词的召回率。

在完成搜索后，搜索结果会按照特定的顺序排序，然后再进行展示。展示的顺序是否切合业务目标将直接影响产品的收益。所以，展示逻辑的算法要高度切合业务内容，实时回归业务进行规则的更新。

(6) 搜索结果的优化。

搜索就像是用户和系统之间的对话，用户输入他们的信息需求作为问询关键词，系统则展现它的回答作为一组结果。搜索结果页是搜索体验的一个重要部分，它提供了一个能够引导用户信息需求的对话机会。

交互过程中，在用户点击“搜索”按钮之后不要删除他们的搜索词，必须保留原始的搜索关键词文本。重新阐述关键词在很多信息检索过程中都是极其重要的步骤。如果用户没有找到他们想要的结果，他们可能会用微调后的关键词再次搜索。为了让这个过程更加简单，要在搜索框中保留用户最初输入的文本，这样用户就不用再重新输入搜索关键词了。

搜索结果页是搜索体验的主要焦点，并且是决定网站转化率的关键。用户通常会通过一两组搜索结果的质量对网站的价值做出快速判断。向用户返回准确的搜索结果显然非常重要，否则他们就不再信任这个搜索工具了。因此，要以一种实用的顺序排列搜索结果，最重要的内容要出现在搜索结果的第一页。

提到搜索建议，我们还需要采用有价值的自动建议，无价值的自动建议会传递糟糕的搜索体验。比如搜索"上海迪士尼乐园酒店"，当用户输入"上海"两个字时，应该匹配前面两个字是"上海"的结果，而不是匹配"大上海酒店"之类的结果。因此要确保自动建议是有价值的，对此有帮助的功能包括识别词根以及预测输入文本并在用户输入时给出提示，这些功能可以加速用户的搜索进程，并让用户在搜索中顺利完成转化。

在输入搜索文字时，很容易输错字。如果用户输入了错误的关键词但可以监测出来，那么你就能在显示结果的时候用修正的关键词的搜索结果代替错误的关键词的搜索结果，这样就避免了用户因为输错而得到"无搜索结果"并被迫重新输入所产生的挫败感。

在用户搜索出结果后，我们应该展示搜索结果的数量，这样用户就可以大致决定要花多长时间浏览这些结果。显示匹配结果的条目数可以让用户在重新阐述关键词时有更多的参考信息。比如在搜索"上海酒店"后显示上海有1000家酒店；另一种方式是显示分类的搜索结果数量，比如上海市市区有300家酒店，上海市虹桥机场附近有100家酒店等。

在用户搜索后，我们要保留用户最近的搜索关键词，虽然用户已经很熟悉搜索功能了，但有时搜索仍需要用户从他们的记忆中回想信息。要想出一个有意义的搜索关键词，用户需要仔细考虑与自己的目标相关的词汇并整合到一起。所以在设计搜索流程的时候，你需要时刻记住一条基本的可用性原则：尊重用户的努力，你的网站应该存储所有用户最近用过的搜索词，以便在用户下一次搜索时提供给他。最近搜索结果能让用户在搜索相同内容时节约时间和精力，同时展示10个以内的条目，不要使用滚动条，这样信息就不会过多了。

设计搜索结果页的页面布局以及展示搜索结果的一大挑战就是不同类型的内容需要不同的布局。呈现内容的两大基本布局是列表式和网格式。我的经验是：细节用列表式，图片用网格式。列表式更适合以细节为导向的布局，网格式对于展示细节较少的产品或展示相似产品的 App 来说则是一个更好的选择。例如服装类商品，用户在不同产品之间挑选时较少考虑以文字为主的各种产品细节，影响用户最终是否购买的主要因素是产品的外观。对于这类产品，用户更关注产品之间的视觉差异，他们宁愿在一个长页面中上下滚动查看，也不愿在列表页和详情页之间来回切换。允许用户选择搜索列表的呈现方式是“列表式”或“网格式”，让你的用户能以他们更喜欢的方式查看结果，提供一系列布局选项让用户改变布局。在设计网格式布局时，选择合适的图片大小，让它们大到能被辨识，或小到可以让更多的产品同时显示。

我们也需要显示搜索进度。理想情况下，搜索结果应该是立即显示的，但是如果不能及时显示搜索结果，那么应当用一个进度指示器提示用户，给用户一个清晰的指示，告诉他们需要等多久。如果搜索时间过长，则可以用动画效果转移用户的注意力，让他们忽略较长的搜索时间。

搜索结果页要提供分类和筛选选项。当搜索展示的都是看起来不太相关或太多的信息时，用户会变得不知所措，应当给用户提供与他们的搜索相关的筛选器，让他们在每次筛选结果的时候可以选中多个选项。筛选器可以帮助用户缩小范围并组织他们的结果，否则可能会需要大量额外的分页或滚动操作，确保不让用户在太多的选项中迷失是很重要的。如果搜索需要很多过滤器，那么在默认情况下要折叠展示。不要把分类功能隐藏到筛选功能中，它们是两个截然不同的任务类型。当用户选择了较窄的搜索范围时，在搜索结果的顶端要清晰地显示筛选范围。

在用户搜索后不要返回“没有结果”，将用户扔到一个没有结果的页面会让用户感到沮丧，特别是当他们已经尝试了很多次搜索时。当用户的搜索没有匹配到结果时，应当尽量避免让用户感到“走入了死胡同”的体验。没有匹配结果时需要给用户提供有价值的替代方案。例如，电商网站可以从同一品类中提供其他替代产品。

搜索是建立良好网站的关键因素，用户在寻找或学习时期待流畅的体验，并且会通过一两组搜索结果快速判断网站的价值。一款优秀的搜索工具应当能够帮助用户快速、轻易地找到他们需要的东西。

7.2 导航设计

在网页设计和移动端设计中，导航设计的重要性仅次于内容。优秀的导航应该让用户感觉是如同一双无形的手在指引着他们的行程。毕竟，即使你有好的内容，但如果用户找不到也没有意义。

在移动设备上，将近一半的人用拇指在手机上完成所有操作。以 iPhone 为例，图 7-21 中，不同的颜色代表着人们在单手操作手机时的难易程度。浅灰色区域表示用户比较容易触摸到的区域，深灰色区域表示用户较难触摸到的区域，黑色区域表示用户必须改变握持设备的姿势才可以触摸到的区域。

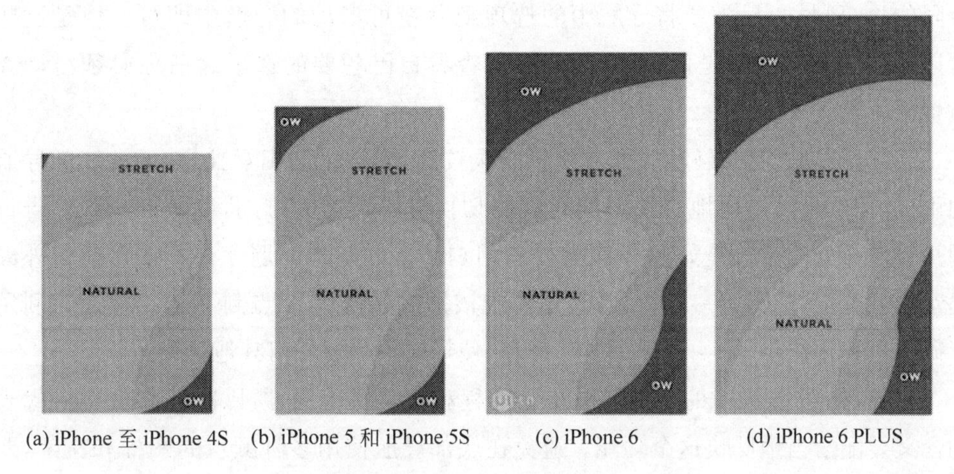

图 7-21　移动端操作难易程度(以 iPhone 为例)

根据图 7-21 的分析，把重要及常用的操作放在屏幕下方是很重要的，因为用户用拇指就可以很轻松地触摸到。

如今，手机的屏幕尺寸越来越大，作为互联网的深度用户，我相信你已经深刻体会到了放在屏幕黑色区域的导航按钮是如何降低用户体验的。

欣慰的是，越来越多的应用正在尝试用更有效的方法解决这个问题，我整理出了以下几种主要的导航方法。

1. 标签导航

标签导航分为底部导航和顶部导航。

很多 App 都遵循这个方法，把底部导航作为 App 的最重要特征，如图 7-22 所示。底部导航通常可以带领用户到他们想去的地方，用于引导用户到达几个重要性相近的顶级界面，这些界面被要求可以从 App 的任意位置直接进入。

图 7-22　微信的底部导航

在底部导航的设计中，应用的选项不能太多，一般不能超过 5 个，如果超过 5 个，那么标签之间的触控区域就会太近，导致用户难以点击自己需要的按钮。另外，功能太多会让你的 App 变得复杂。

如果导航有超过 5 个功能，那么请在其他地方提供入口，而不是把它们都放在底部导航中。部分隐藏的方法对于小屏幕来说是个不错的解决方法，你不用担心有限的屏幕尺寸，只需要将导航中的选项隐藏在可滚动的导航中即可。但是这些可以滚动查看的内容是低效的，因为在你查看自己想要的选项之前你必须滑动导航栏。

底部导航的优先级较高，而且使用频次较高，标签之间相互独立，通过底部导航的引导，用户可以迅速地实现页面之间的切换且不会迷失方向，简单而高效。告诉用户目前所处的位置是好的导航需要向用户回答的基本问题。在不依靠任何外部提示的情况下，基于第一眼的认知，用户应该知道如何从 A 点到 B 点。你应该利用正确的可视化提示，比如图标、文字、颜色，使导航不需要任何其他辅助。

目前，大部分 App 的底部导航是以图标和文字呈现的，所以图标和文字所代表的含义要能恰当地反映这个功能。避免在底部导航使用多种颜色的图标和文字，要使用 App 的主色调表示选中的状态。要以 App 的主色调给当前底部导航选中的标签上色，包括图标和文字。如果底部导航已有颜色，则用黑色或者白色给图标上色。

文字应该为导航的图标提供简短和有效的定义，避免长文本，因为它们会被缩减或者转行。

菜单上的元素应该容易被辨识，当用户点击某一个标签时，他们应该能够明确地知道发生了什么。

让目标区域尽可能增大，使用户能够轻松地触摸或点击。根据按钮总数决定每个按钮的宽度，让每个按钮的操作区域尽可能宽。

在微信里，当朋友圈出现新的发布时，用户可能希望及时知道最新动态，你可以在标签上添加角标以表示有新消息。

每个导航按钮都应该被链接到目标页面，而不能打开新菜单或者其他窗口。导航按钮应该引导用户直接跳转到相关内容或者在当前内容里刷新内容。

当某一个标签中没有内容的时候，无须移除该标签。因为如果你在某些情况下移除了标签，而在其他情况下又没有移除标签的话，用户会感到迷惑和不解，这会让你的 App 变得十分不稳定而且不可预知。最佳的解决办法是让所有的标签都存在，在标签没有内容的时候对其进行解释。比如，在用户没有登录的情况下提供一个空白页，提示用户登录，并解释登录后才可以查看和浏览记录。

为了让有限的屏幕中的可阅读区域变大，通常可以在用户滑动页面以获取新内容的时候将导航隐藏，当他们试图返回的时候再将导航展示。

当内容分类比较多，用户对不同内容的打开率比较高，需要经常来回切换的时候，可以采用顶部导航。比如滴滴出行 App，如图 7-23 所示。

图 7-23　滴滴出行 App 的顶部导航

当底部导航中的某个标签内的内容分类比较多时，用户需要经常来回切换，双标签导航是个不错的解决方案，比如今日头条 App。

当顶部导航中的分类按钮超过 5 个时，一个切实可行的解决方案是显示 4～5 个优先级最高的选项，将其他的选项归为一类，称为更多项，更多项的子类可以在导航页面的下拉菜单中显示，如图 7-24 所示。

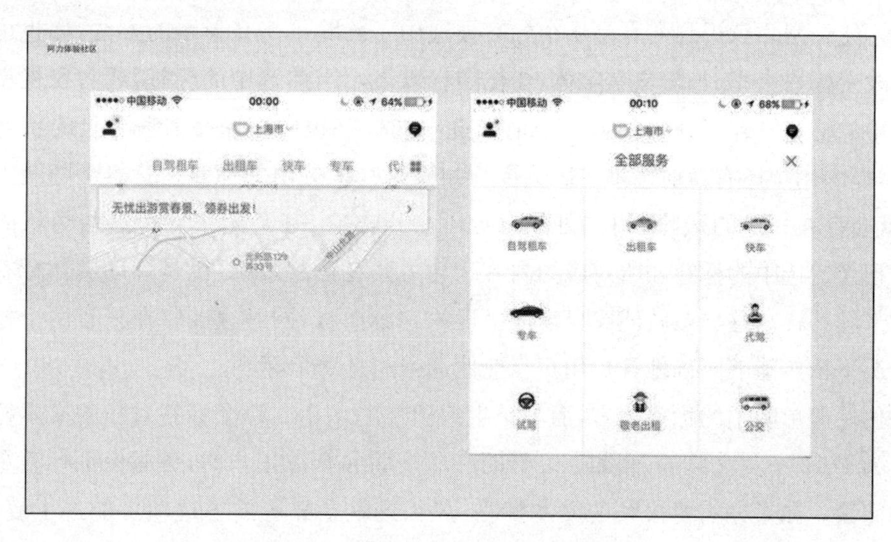

图 7-24　滴滴出行 App 的双标签导航

对大多数用户而言，只要可见项的优先级足够高，有 4～5 个可见的高频功能就可以极大地降低学习成本，改善用户体验。

如果导航项的数量较大，而且它们的优先级几乎没有区别，那么采用更多项将会是一个糟糕的妥协，较好的方案是在滚动视图中列出所有项目。

这种方案的缺点是用户只能看到可见范围内的几个选项，其余选项不可预知。尽管如此，当用户探索购物类或新闻类选项时，这依然是用户可接受的解决方案。视觉设计需要确保提供足够多的视觉线索，表明在水平滚动后会出现更多的元素，弱化边缘元素是一个不错的办法。

无论是在移动端还是PC端，标签导航需要在相同的语境背景和位置下进行不同视图之间的切换，而不是把用户导航到不同的区域，这是最重要的一点，因为用户使用标签导航的主要目的是在位置不变的情况下切换内容视图。有逻辑地对内容进行分类，放到每个标签下，让用户能够轻而易举地预见在选择一个标签后会得到什么样的信息。卡片分类是研究这类微型信息架构问题的方法之一，如果你找不到清晰的归类组，那么使用标签导航整合页面内容可能会出现错误。

只有当用户不需要同时看到多个标签中的内容时才可以考虑使用标签导航，如果用户需要比较不同标签中的信息，那么相比于把所有信息放在一个页面，使用标签导航会迫使用户在不同标签之间来回切换，这无疑增加了用户的阅读负担和交互成本，进而降低了网站的可用性。

所有标签在本质上是平行的，如果标签与标签在内容上有显著不同，那么用户将会把它理解成网站的导航。突出强调当前选中的标签，确保它看起来足够突出，这样才能让用户意识到究竟是哪个标签被选中了。除了高亮显示的方法，你也可以通过改变标签大小、加粗文字字体、变化图标以表示当前选中的标签，或者在视觉上让选中的标签看起来在最前面。当前未选中的标签也应该保持清晰可见的状态且易读，提醒用户还有其他选项可以选择。如果这些未选中的标签在背景下隐藏得过深，就会存在一定的风险，用户可能永远不会点击它，甚至无法发现这些隐藏的选项。把当前选中的标签和所对应的内容区域关联在一起，就好比是翻动实体标签和实体卡片一样。这样做就能突显当前呈现的内容面板，同时也能够在只有两个标签的情况下依然能够明确地告诉用户当前他选中的是哪个标签。

使用简单明了的标签语言，而不是生编硬造的术语。每个标签对应的文本标签应该为1～2个英文单词，假如你设计的产品是面向全球用户的，务必保证标签易于用户阅读。如果你需要很长的文本标签，那么这就意味着内容选项可能过于复杂，不适合采用标签导航。

标签文本不要全部采用大写英文字母，这绝对不是一个好主意，因为这样做会增加阅读的难度。虽然对单一、简短的词组来说可读性不是问题，但是正如网站首页的可用性指南中所描述的，你应该选择一种特定的大小写样式，无论是针对句子还是标题样式，并统一使用。

把所有标签单行排列，如果放置在多行的话，就会引起元素之间的跳跃，破坏用户在空间上的记忆，使他们不能记住自己已经访问过的标签。另外，这种做法也是设计过度复杂的一个表征，如果你需要的标签太多，你就必须简化设计。

标签的范围应该在视觉上做到显而易见。比如，使用标签就像在抽屉导航目录下翻阅信息，因此用户必须在第一时间就能明白它是由什么组成的。所有的标签选项卡都应该在视觉和功能上保持一致。一致性在图形界面空间设计上是非常重要的，因为它能从四个方面建立起用户对界面的掌控感：可识别性、可预见性、赋权于用户、高效性。

可识别性是指当一些东西看起来总是一致时，你自然就会知道要去找什么，你也知道它是什么。

可预见性是指当一些东西总是以一致的方式起作用时，你就能够预见到当你操作它的时候将会发生什么。

赋权于用户是指当你可以依赖过去获得的知识的时候，你就可以很容易地构建一连串的动作以达成你的目标。

高效性是指你不需要花费额外的时间学习新东西，也不必担心不一致的功能会带来不好的影响。

当用户不需要花费额外的探索或猜测就可以搞清楚如何使用你的标签导航时，这就意味着他们可以把所有的时间和脑力用来理解这些标签背后的内容和特征。标签本身是没有价值的，但倘若用户不关注标签本身，而是通过标签导航关注标签中的内容，那么标签导航的价值就发挥了，从而可以达成用户体验的目标和商业的目标。

2. 响应式导航

在PC端，导航置顶或导航置左是两种典型的设计模式。然而，这两种模式在移动端却遭遇到了挑战。

将导航置顶或让导航随布局任意流动是一种最简单的导航实现方式。正是这种易于实现的方式使它成了当下许多响应式网页的标配。但是导航置顶也有它的缺点，高度问题在移动端是核心问题，尤其是在现在的移动端体验设计中，它违背了“内容优先，导航其次”的设计原则。我们都希望用户能够以最快的速度获取内容，这就意味着我们需要移除导航以确保用户的关注焦点始终保持在核心信息上。当导航的高度过高，导致屏幕内的核心信息无法展示的时候，就有可能导致用户无法获取有效的信息。

当你的导航刚好在一行内展示完全时，若要再添加内容或者你的产品涉及多国语言的翻译问题，你该如何处理？在网页设计中，这种情况稍显复杂，采用折叠菜单、标签＋更多的导航设计能够自动适应屏幕宽度，从而显示尽可能多的选项，其他选项可以归到更多项，这是一个不错的处理方式，如图 7-25 所示。

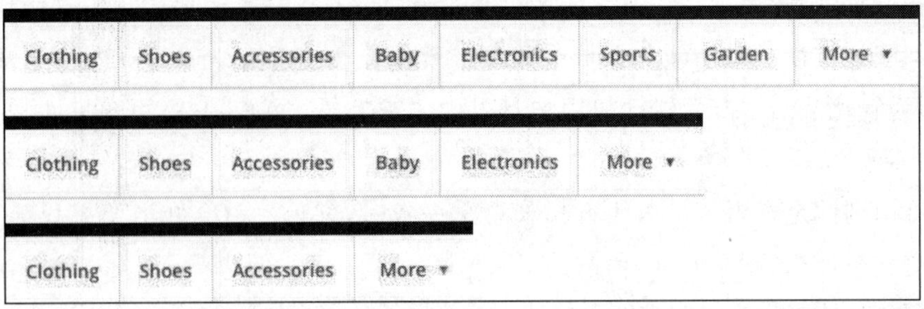

图 7-25　标签＋更多的导航方式

这意味着更多项中包含的子项会随着屏幕宽度的减小而变多，如果没有足够的空间，项目就会折叠起来。尤其是当宽度处于中间时，这个解决方案的灵活性可以提供更好的用户体验。

在网页中将导航放在底部是一种讨巧的做法，它节省了网页顶部的宝贵空间，同时又满足了访问导航的需求。但是，在网页底部进行搜索这一动作容易让用户不习惯，将其设计成类似开关的交互方式可能会更好一些，即点击某个按钮即可触发导航。

将导航收纳在一个选择菜单的控件中也是一个不错的方式，它避免了将导航置顶所占用的屏幕空间。选择菜单无论是在横向还是纵向上都特别节省空间，且符合用户的习惯，下拉菜单的控件样式十分显眼，极其容易被发现。但是，若将下拉菜单作为导航，用户则可能无法理解下拉菜单中内容的处理方式，也许会感到比较奇怪，因为在下拉菜单中，子项目会自动缩进。

下拉菜单经常用于只允许用户从多个选项中选择一个选项的时候，它和单选按钮的作用相同，使用它而不使用单选按钮的理由是它占用的空间更少。下拉菜单有一个问题，那就是用户不能直接看到所有选项，而是需要通过点击查看所有选项，浏览一遍后才能做出选择。

在移动端，当其他部分的可见性和可访问性并不重要时，你可以果断地使用下拉菜单，如图 7-26 所示。

下拉菜单具有双重角色：首先，它作为页面标题，虽然选项隐藏在其下，但向下箭头表明可以迅速切换到相似的部分；其次，除了切换同级选项以外，切换到下级项目也是能被用户接受的。

开关的导航方式也许你并不陌生，尤其是在网页上，单击后将菜单区域滑动展开也是比较好的导航模式。这种导航模式的好处在于位置不会改变，更容易让用户

英语 » 中文 ∨ 人工翻译

语言自动检测

英语 » 中文

中文 » 英语

日语 » 中文

中文 » 日语

图 7-26 有道翻译 App

接受,你唯一要做的就是在 PC 端隐藏子项目,并在适当的时候显示它。但是,子项目的动画可能不够平滑,连贯性可能也不够顺畅。

3. 抽屉导航

抽屉导航指功能菜单按钮被隐藏在当前页面之后,点击入口或侧滑即可像拉抽屉一样拉出菜单。这种导航设计比较适合于不需要频繁切换的次要功能,比如设置、关于我们、皮肤设置等。

抽屉导航的优点在于节省页面的展示空间,使页面更加简洁美观,让用户可以将更多的注意力聚焦在当前页面;它的主要缺点是其具有较低的可发现性,用户不容易发现,使用次要功能需要二次点击,增加了用户的使用成本。在设计二级导航选项时,这种模式可能是一个适当的解决方案。例如滴滴出行 App,如图 7-27 所示。

屏幕上的一切功能都是为了呼叫一辆车,诸如行程、设置等二级选项不应该比自驾租车、出租车、快车等选项更突出。

随着手机屏幕越来越大,大屏幕成了移动设备的新趋势。在大屏幕上,iOS 系统中左上角的“返回”按钮变得非常低效,从屏幕边缘右滑返回是最高效的模式。另外,针对信息流类产品,点击屏幕顶部迅速返回到最开始的模式也是一种高效的交互方式。使用双击关闭的手势交互,以及使用上滑、下滑进行导航的产品将会越来越多。所以,手势操作将会变得更加重要。同时,浮动导航入口有可能更加出彩,尤其是在大屏幕时代。

4. 对象导航和任务导航

出于产品目标,导航又分为基于对象的导航和基于任务的导航,相对来说,纯粹

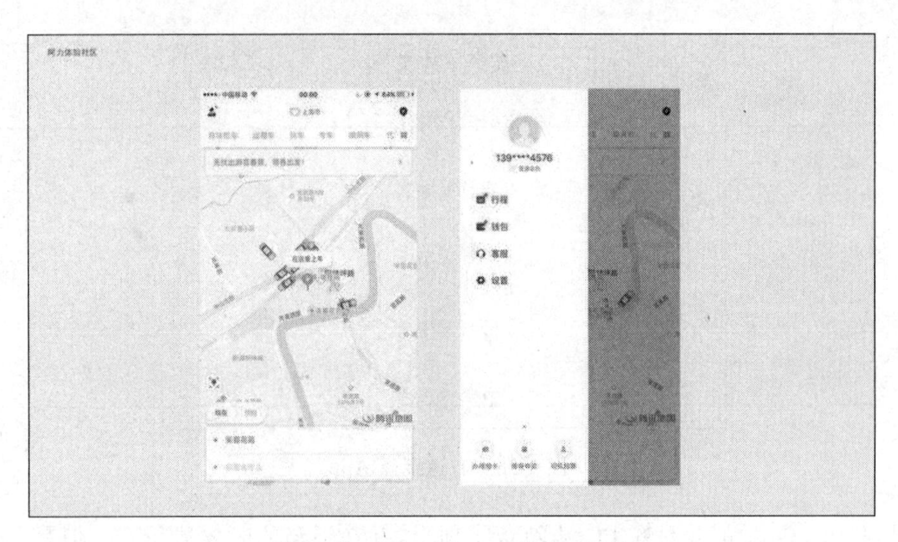

图 7-27　滴滴出行 App 的抽屉导航

的基于对象的导航较为常见，但纯粹的基于任务的导航却为数不多，不少业务复杂的产品会考虑混合使用这两种导航，主辅结合以尽可能覆盖用户的使用场景。比如，在酒店的订单详情页中，地图是基于对象的导航，而导航至酒店是基于任务的导航。

如何区分导航的组织方式？最简单的区分方法就是导航标签的命名方式。基于对象的导航通常使用名词作为导航标签的名称，标签指向目标事物；比如最近浏览、我的订单等。基于任务的导航通常使用动词、动宾短语作为导航标签的名称，标签指向动作行为，比如筛选、排序、分享、选择房间数等。搜索属于对象导航的原因是用户触发的搜索行为更多的是以寻找或探索事物为目标的，而不单单是完成一个任务。

使用基于任务导航的产品对设计师有较高的要求，设计师对产品涉及的用户以及用户任务要有非常清晰的认识。如果说在产品的交互流程中导航的核心是基于任务的，那么任务分析就显得尤为重要了。

何时考虑使用基于任务的导航？首先要明确用户的首要目标，以寻找或探索事物为目标的适合使用基于对象的导航；以把事情完成为目标的适合使用基于任务的导航。

以为不同主题对象提供同一功能为主的产品适合使用基于对象的导航，比如酒店列表页的酒店卡片可以通过点击跳转至酒店详情页。为同一主题对象提供不同功能的产品适合使用基于任务的导航，比如酒店列表页的筛选和排序功能。

信息展示类的产品适合使用基于对象的导航，信息管理类的产品适合使用基于任务的导航。

在界面的设计过程中,要更多地考虑混合使用对象导航和任务导航,不拘泥于纯粹的对象导航或任务导航。灵活地使用主次混合导航,充分利用二者各自在使用场景下的用户认知优势,取长补短,从而完善产品的整体导航。

不同的产品对于用户任务的诠释存在较大的差异,基于任务的导航对用户认知和场景覆盖有较高的要求,不当的使用容易降低可用性。将用户认知拆解成以下几个维度进行考查:目标性强弱、任务执行的频率、核心任务的数量。

对于信息展示类的产品,用户往往对产品所能提供的服务比较熟悉,或者有实际生活的映射。如果能够将场景拆分为几个清晰的子场景,则可以考虑使用以任务导航为主、以对象导航为辅的模式。

对于使用频率较低的服务功能型产品,可以考虑使用以对象导航为主、任务导航为辅的模式。对象容易识别与认知,通过对象导航的优势可以增强用户对产品的认知,尤其适合新用户。通过任务导航的辅助将功能场景化,从而提高使用效率。

7.3　表单设计

不是所有人都喜欢填写表单,这不是什么有趣的事情,但这是我们必须做的事情,这是完成一件事情的方法,也可以说是一个工具。所以,我们不须再关注如何让它变得有趣,而是如何让它变得尽可能的高效。

当然,它应该在美学上让人感觉愉悦,但我们的目标是使其可用,并帮助人们尽快完成任务。

错误反馈是表单设计的重中之重,常见的形式有两种:弹窗提示和当前界面提示。弹窗提示的好处是重点突出,且能聚焦用户的目光,避免用户进行其他操作而忽略反馈。当前界面提示的好处是显而易见,错误项一一对应,用户可以清晰地知道错误在哪里,但是当表单超过一屏时容易被忽略,也容易被键盘遮盖。在表单的操作过程中,可即时反馈结果的项目适合使用当前反馈,如手机号码格式、邮箱格式、验证码等。提交时的反馈,也就是结束表单的流程适合使用弹窗提示,让用户明确地感知到问题的存在,同时可以在当前界面针对每一项进行提示。

取消和完成表单填写如果有两个出口,则应该在任务流中明确标识出来,让用户有充分的控制权。取消代表用户放弃了当前页面的操作,完成则代表用户进行了修改和保存。自动保存意味着离开当前界面只有一个出口,明确的暗示尤其重要,出口的文案应该带有正面含义的表述，比如“完成”“保存”“确认”等，而不是迷惑不解的文案，比如“返回”。

在填写表单之前，在填写页的当前页面上有时会有引导用户注册和登录的界面或文案，用于唤起注册和登录页。关于注册和登录的流程，主要有线性任务流和集成任务。线性任务流的好处是分别对每个提交的信息进行检测并反馈，用户理解起来也清晰、安全。但是，其一步步的跳转容易给用户带来漫长的感觉。集成任务的好处是流程简短、操作便捷，但是，更多任务的集成意味着用户更难聚焦，需要严格控制界面元素。线性任务流和集成任务的使用需要按新老用户进行区分。比如，登录是留给老用户的，用户对应用有一定的熟悉度，考虑到登录场景是用户在填写的过程中触发的，用户的内心是非常不耐烦的，他们希望尽快结束此流程，因此登录流程越简短越好，所以选择集成任务会更加适合当下的场景；如果注册面对的用户是新用户，那么用户此刻更需要的是安全感，明确的说明和清晰的步骤比便捷的操作更重要，所以此时选择线性任务流更加合适。

当用户进入表单填写页时是否需要默认唤起键盘？最好的方式是判断当前页面的任务流是单线程还是多线程，单线程可以默认唤起键盘，比如点击微信的名字进入设置名字页，用户的唯一任务就是修改名字；多线程不可以默认唤起键盘，比如进入登录页，用户的潜在行为可能有登录、注册、忘记密码等，在用户动机不明确的情况下默认唤起键盘是错误的，用户如果需要注册，那么他不得不先隐藏键盘，然后再点击“注册”按钮。同时，我们还需要考虑关键信息是否被遮挡、平衡便捷性和可读性，若你能判断用户在此界面进行二次编辑的概率极低，那么可读性可以优先于便捷性。

在填写表单时，防错设计同样能够提升用户体验。在用户未完成所有必填信息之前，“完成”按钮都是无法点击的。在必填项和选填项之间，有必要明确区分，因为用户可能会因此无法顺利完成任务。除了上面提到的当前界面反馈外，声效也是非常有效的反馈方式，配合使用可以使效果更为明显。在用户输入的过程中，可能涉及连续数字的填写，比如手机验证码、手机号码、支付码等，可以使用输入限制进行分隔显示，或唤起数字键盘以提升用户体验。

表单填写页为了节省空间和减少复杂性，通常会使用图标表示某个入口。在使用图标时，我们需要考虑以下两个因素：一个是通识度，即图标本身是否能被用户认知，且在任何语境下都具有唯一的含义；另一个是熟知度，比如通讯录图标不仅可以传达“唤起通讯录”的意思，还可以告诉用户在什么场景下可以唤起通讯录。如果实在模棱两可，则可以考虑使用“图标＋文字”的方式。

下面列举 9 个案例，分别讨论在哪些场景下设计表单才能提高用户的使用效率。

1. 使用分段选择控件而不是下拉菜单

一个有 2～5 个选项的“单选”按钮应该使用分段选择控件而不是下拉菜单，这主要是因为所有的选项都是立即可见的，并且可以使用单个交互动作进行选择，如图 7-28 所示。

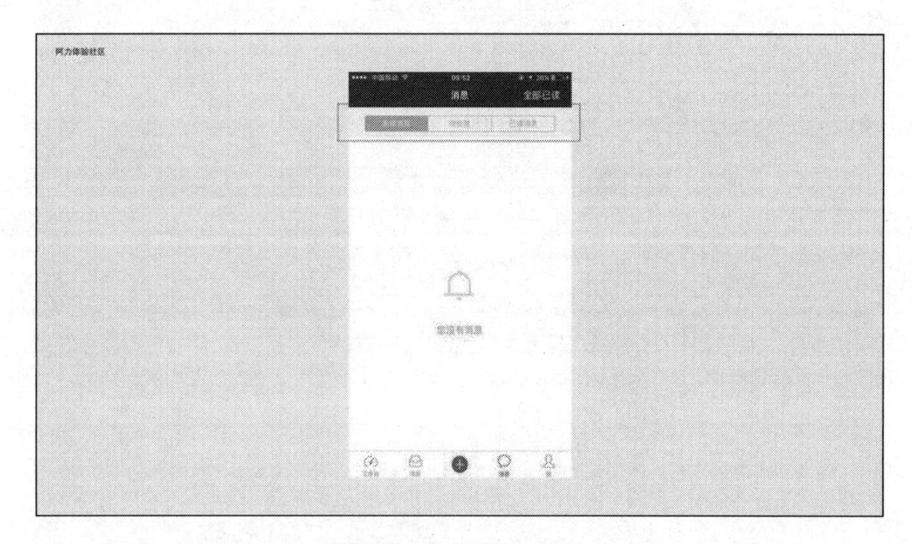

图 7-28　Teambition App

2. 将具有多个选项的下拉菜单合并在单个区域内

这一条可能不适用于所有地方，但是时间选择器是个很好的例子，它包含三个部分：年、月、日，这意味着如果使用下拉菜单的话，至少需要三个相同的动作，加起来一共有九个步骤，这太多了。而使用单个区域做时间选择器则只需要五个步骤：打开、选择年、选择月、选择日、确定，如图 7-29 所示。

3. 使用开关代替下拉菜单

指一个包含两个选项的下拉菜单，如“显示”和“隐藏”，在这种情况下可以使用勾选框或者开关，如图 7-30 所示。

4. 滑动器

通过切换控制可以将一个单调笨重的下拉菜单转变为可以简单、快速浏览的页

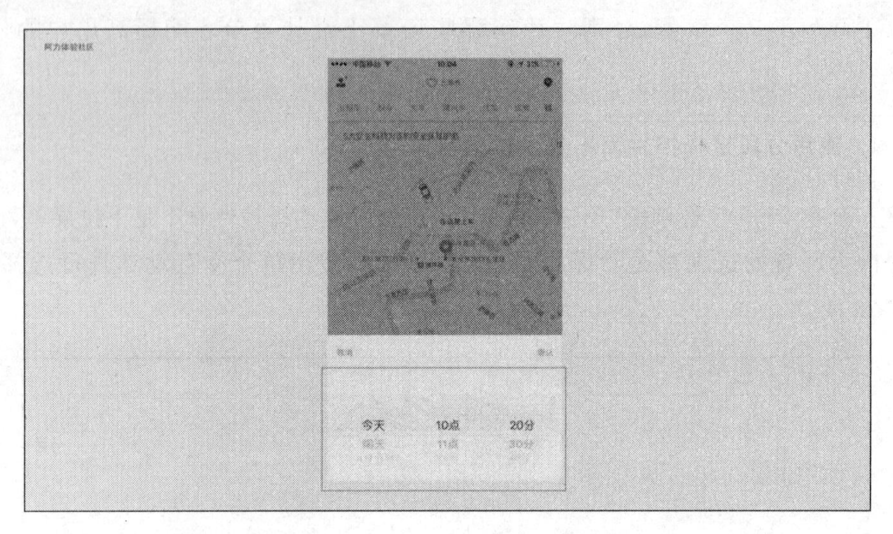

图 7-29　滴滴出行 App

图 7-30　iOS 系统的勿扰模式

面。请考虑使用滑动器，选择取值范围内的一个值或多个值，如图 7-31 所示。

5. 避免使用多列

在较小的屏幕上，屏幕的物理边界可以帮助用户将注意力集中于内容，这样，整个页面的导航会变得更容易，并且可以帮助用户在使用时走在正确的轨道上，如图 7-32 所示。

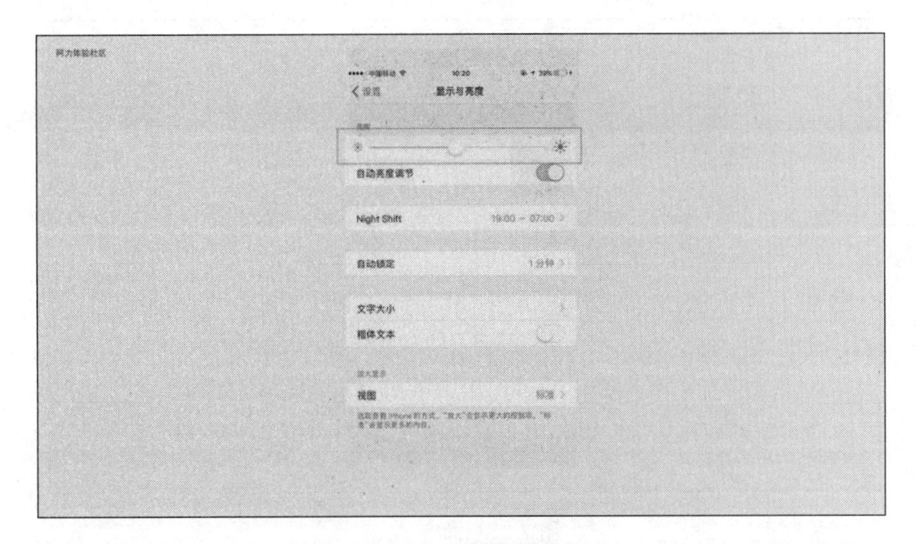

图 7-31　iOS 系统的亮度调节

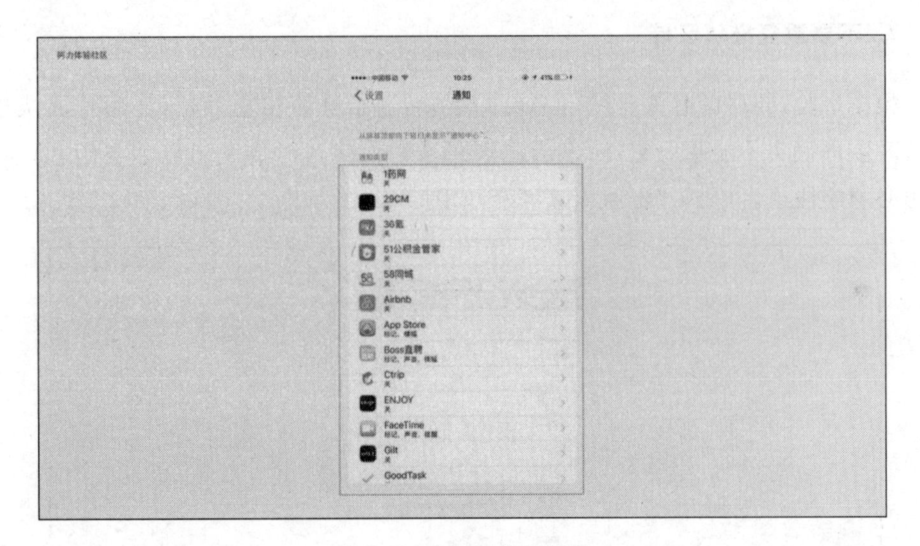

图 7-32　iOS 系统的通知

6. 使用步骤代替下拉菜单

当用户需要对数字进行增加或减少的微小调整时，要避免使用自由形态的输入方式以及下拉菜单。步骤选择器可以最大程度地减少错误的发生，并减少用户为了得到正确的数值所需点击的次数，如图 7-33 所示。

图 7-33　淘宝 App

7. 不要重复必填区域

根据经验，要尽量避免显示不必要的字段，这会让表格更简短，让用户更快乐。但有时候你确实不能避免它，所以当出现可选填的字段时要突出显示它们，而不是突出必填字段或者用“*”表示其他字段，如图 7-34 所示。

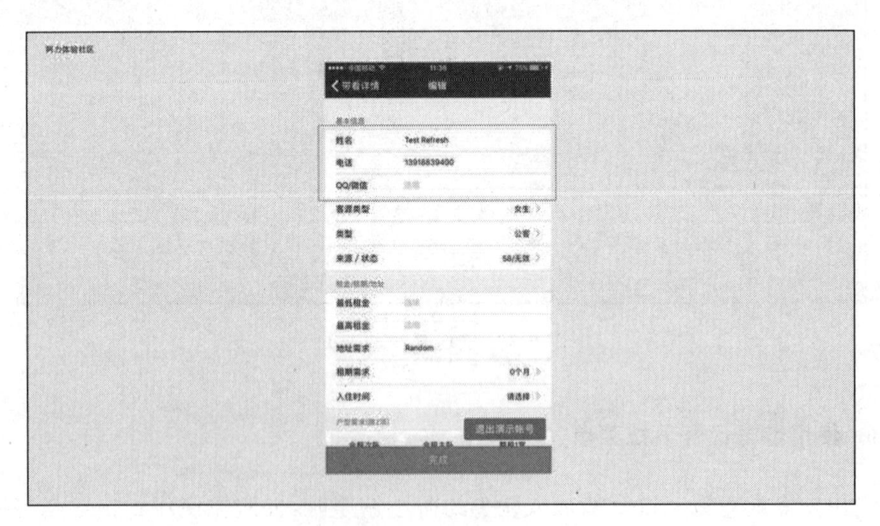

图 7-34　水滴管家 App

8. 把相关的字段组合起来

组合相关的字段可以帮助人们更快地浏览并发现他们想要的东西，同时可以打破冗长的表格的限制，将之变为几个部分，从而各个击破，如图 7-35 所示。

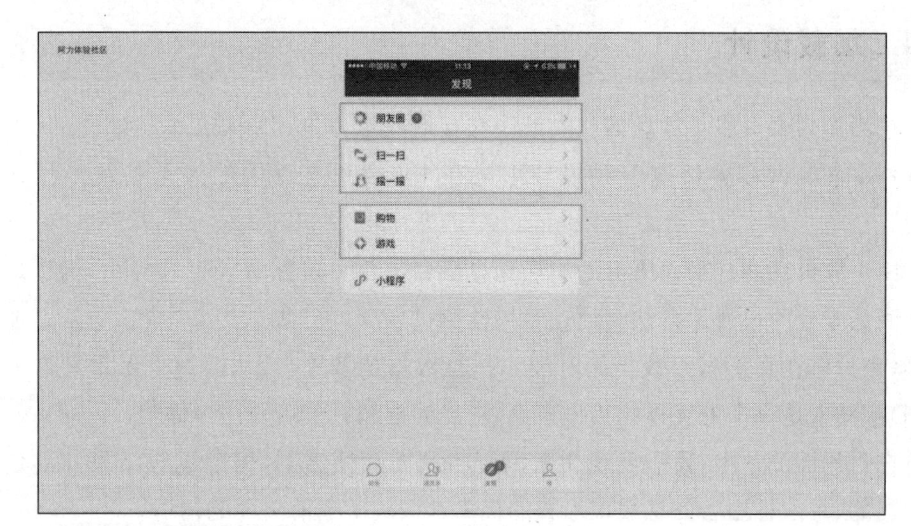

图 7-35　微信 App

9. 提供舒适的触摸区域

不要把按钮和触摸区域设计得太小，用户不是在使用鼠标点击，而是使用他们的手指点击，如图 7-36 所示。

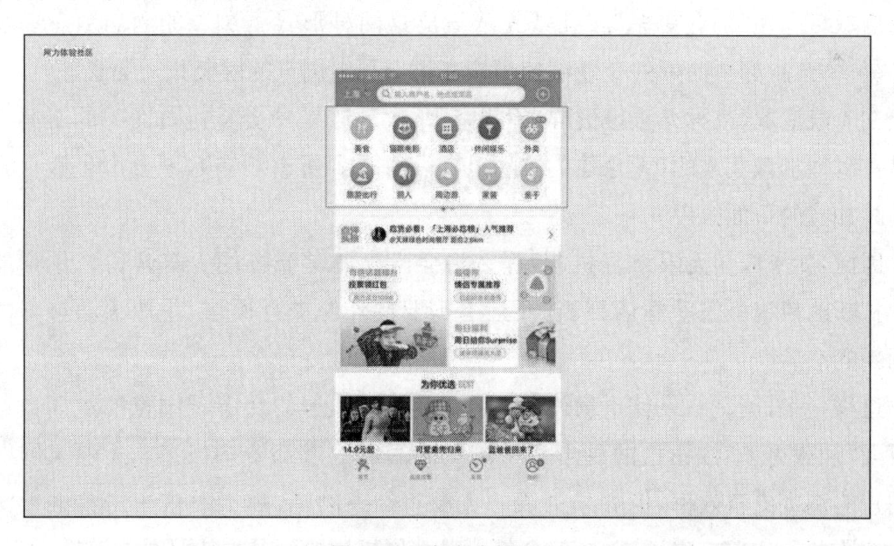

图 7-36　大众点评 App

要始终把用户目标记在心里，通过用户目标设计用户任务，如果你能在设计表单时始终站在用户的角度，那么便可以降低放弃率并提高转化率。

7.4 加载设计

在酒店列表页展示酒店信息的最佳交互形式是分页、“加载更多”按钮还是无限滚屏？下面测试和分析这三种设计形式在 PC 端和移动端的效果以及一些其他问题。

由于分页功能几乎在所有的酒店预订平台上都可以默认设置，因此它仍然是加载新酒店卡片的最普遍方法。通过可用性测试发现，将“加载更多”按钮与延迟加载机制（指只有在真正需要数据的时候才执行数据加载操作，从而避免无意义的性能开销）相结合是一个更优秀的实施方案，它能够带来更无缝的用户体验。

在可用性测试中，我们发现无限滚屏机制简直糟透了，但是这些结果并不是非黑即白的，每一种酒店信息展现形式的优劣都取决于当前页面的情境。

下面将详细说明“加载更多”按钮、无限滚屏和分页这三种形式的可用性研究结论，包括移动端和 PC 端。

我们对酒店网站中的酒店列表页进行了大规模的可用性测试，用户对翻页样式怨声载道。测试用户普遍认为翻页功能的速度慢，并且其展示的很多链接经常令他们不愿意浏览整个酒店列表。更重要的是，我们观察到测试用户在翻页功能下浏览的酒店数量比在“加载更多”按钮或无限滚屏这两种形式下浏览的酒店数量要少得多。另一方面，翻页的好处是能够使用户在第一页中浏览的时间相对更长。

在无限滚屏（或称无止境滚屏）的状态下，大部分用户会觉得页面中的所有酒店都是在瞬间加载完成的（无论他们实际上有没有看到所有酒店），不会产生数百家酒店同时加载的负面效应。

因此，如果应用无限滚屏机制，那么将会产生非常流畅的无缝体验。用户能在不被打断的情况下滚动酒店列表，而且不需要额外的交互操作，用户滚动屏幕即可看到新的酒店。

这样一来，测试结果就不意外了：用户在无限滚屏的状态下浏览的酒店数量比翻页或“加载更多”按钮这两种形式下浏览的酒店数量都要多很多。无限滚屏机制让用户的浏览更有效率，但如果列表一直没有结束的话，那么一些用户会继续滚动列表而不关注任何一家酒店，这就会使无限滚屏机制的好处变为坏处。

有时候，无限滚屏机制也会让用户无法看到页面底部，这是无限滚屏机制最大的设计难题，一旦用户到达列表底部，页面便会持续加载新的结果，用户看到页脚的时间只有一两秒钟，然后下一批搜索结果就会加载完成并突然出现，页脚也随之消失。在搜索结果页和酒店列表页中，列表中通常会有很多酒店，无限滚屏机制实际上会让用户永远也到达不了页面底部。这可能是一个大问题，因为页面底部能让用户跳转到帮助页，还提供了交叉导航、关联酒店以及客服电话、常见问题等信息。

在我们测试的网站中，只有很少一部分网站使用了“加载更多”按钮，但它们的用户接受度很高。实际上，当我们对标其他酒店预订平台时，发现只有很少的网站会使用“加载更多”按钮。“加载更多”按钮是很简单的设计，它不需要用户思考该去哪页，因此不会给用户增加认知负担，它仅仅询问“你是否要查看更多的结果”，这使得交互界面变得非常简单，带来的认知负担可能是最小的。在“加载更多”状态下，用户总体上浏览的酒店数量比翻页状态下的更多，但因为加载更多酒店仍需要用户主动选择和点击，因此用户会更仔细地查看商品。

“加载更多”按钮和无限滚屏机制的好处之一是酒店列表可以增加而不是被替换。“加载更多”按钮允许用户在整个列表中更方便地比较酒店信息。拥有一个整合的酒店列表会令用户更容易评估哪些酒店值得点击，从而提升了酒店的总体发现率。

那么，你应该使用哪种加载方法呢？在理想情况下，根据测试结果你应该使用“加载更多”的交互方式吗？测试显示，没有哪一种方法在所有情境下都是完美的。

在PC端，酒店列表页可以结合使用“加载更多”按钮和延迟加载；在移动端则可以只使用“加载更多”按钮，但默认展示的商品数量要比PC端少一些。

从对酒店列表页的大规模可用性研究当中我们发现，加载新的酒店卡片的最佳方式是结合使用“加载更多”按钮和通过延迟加载方式实现的无限滚屏机制。在第一页中展示10～30个酒店卡片，延迟加载另外10～30个酒店卡片，一旦用户点击了“加载更多”按钮，再加载10～30个酒店卡片，并恢复延迟加载，直到接下来的50～100个酒店卡片加载完成，这时再次显示“加载更多”按钮。“加载更多”按钮控制的50～100个酒店卡片决定了用户的浏览何时会被打断，而延迟加载仅仅是为了减少加载时间和认知负担所实施的优化策略。

比如，运用“加载更多”按钮与延迟加载相结合的方式，首先默认加载20个酒店卡片；一旦用户滚动到第10个酒店卡片，则延迟加载另外20个酒店卡片。当用户到达第40个酒店卡片时，用户面前便会出现“加载更多”按钮。

注意，这里所说的酒店卡片加载数量仅作为参考。测试显示，最理想的数量取决于你的酒店资源。

通过以上方法，页面能够快速加载，因为只有很少的酒店卡片是在最初加载时完成的。更重要的是，延迟加载机制允许用户在不被打断的情况下浏览整个酒店列表。实际上，当用户使用筛选功能时，对于大部分准确定义的酒店来说，“查看全部”似乎是可以实现的。对于更长的列表，用户会遇到“加载更多”按钮，它使得有意愿的用户能够很轻松地继续浏览，并在滚动间隙为用户提供了良好的休息，让用户很容易到达页面底部，并让他们有时间考虑使用筛选功能是否比继续滚动浏览上百个酒店卡片要更好。

延迟加载和无限滚屏（尤其是后者）机制的缺陷之一是页面高度会持续增加；如果用户把滚动条拖曳到底部，他们就会到达页面底部，但只能看一两秒钟，下一个酒店卡片就又加载出来了。新的酒店卡片被填加到酒店列表中，页面底部被推到下面，滚动栏被拉长。在测试中，这导致了参差不齐的页面体验。使用“加载更多”按钮和延迟加载的混合形式，上面的问题大致得到了解决，因为用户在跳跃一两次之后页面就中断了。

在移动端，在酒店列表很长的情况下，无限滚屏机制会使新的酒店卡片不断被加载进来，持续把页面底部推到下面，因此用户到达不了页面底部。

在大量的可用性测试中，我们发现页码链接很难被准确地点击，因此通常会导致多余的页面被加载。而无限滚屏机制则被证明在帮助用户探索很多商品时非常有效（实际上，测试用户在提供无限滚屏机制的网站上滚动浏览的商品数量是他们在提供翻页功能的网站上的 2 倍）。然而，正如前面提到的，无限滚屏机制会让用户永远到达不了页面底部。在移动端的测试中，这个弊端没有了，因为移动端的酒店列表页底部除了酒店卡片以外没有任何其他信息。

然而移动端也有一些独特的限制。移动端的屏幕尺寸比 PC 端小得多，酒店列表中的酒店卡片占据的屏幕空间比例相对来说很大，在列表显示模式下，一屏通常只显示 2～3 个酒店卡片。因此，50 个酒店卡片在移动设备中占据的视图高度比 PC 端高很多。从另一个角度来看，查看数量相近的酒店列表，用户在移动端比在 PC 端需要更多的交互操作（例如滚屏）。

在可触摸设备上，用户通常只能依靠手指拖曳和滑动完成滚屏。PC 端的操作模式要丰富得多，比如鼠标滚轮滑动（或者在触控板上滑动）、可拖曳的滚动条以及多种键盘快捷操作（上下箭头、空格键等）。

更严重的是，在测试中，用户对持续不断地滚动酒店列表展现出了更低的控制度。一方面，一些用户需要不断地用手指在屏幕上拖曳，因此滚动的速度很慢；在这种情况下，一个仅包含 50 个酒店卡片的列表都需要很长时间才能浏览完毕。另一方面，一部分用户会滚动得特别快，原因是他们在快速、连续的滑动操作中不小心激活了自动滚屏功能；在这种情况下，酒店卡片会“嗖嗖”地从用户眼前掠过，但用户却看不清其中的任何一个。

出于上述原因，我们建议移动端仅加载15～30个酒店卡片，然后在到达页面底部后通过上拉操作重新加载。

在大量的可用性测试中，我们持续观察到酒店网站的加载新页面的技术实现方式和用户对新页面加载的期望并不总是匹配的。诸如覆盖层、抽屉导航、筛选项等需要动态加载的内容常常颠覆了用户对"后退"按钮的逻辑期望。

当用户从酒店列表页进入一个特定的酒店详情页后，他们需要点击浏览器的"后退"按钮返回到列表原来的入口位置，这是至关重要的。在我们测试的所有酒店预订网站中，超过90%的网站没有这样做，这必然妨碍了用户在同一个浏览器标签下在酒店列表页和酒店详情页之间来回跳转的行为——这是一个严重的导航限制。

Booking.com网站处理"后退"按钮的逻辑问题的方法是给用户在每次点击浏览器的"返回"按钮后所出现的页面都写一个URL。这样做的结果就是用户在酒店详情页点击"后退"按钮后会回到酒店列表页的正确位置。

虽然我们在测试中发现了加载方法能够显著改变用户浏览商品的方式，但是它不应该是大部分网站在改版优化时最优先的事项，因为这些网站还有很多具有更高投资回报率和更容易实现的优化项目。

7.5　按钮设计

在设计过程中，我们发现了不少有趣的有关按钮的案例，一个小小的按钮的改动，背后可能牵扯了许多产品业务逻辑，将直接给产品数据带来相关变化。

这就是为什么按钮或许是系统设计中最重要的组成部分。理由非常简单，按钮提供了样式简单的标签供用户在界定区域内点击。也就是说，按钮是用户应用设计语言基本属性的方式，这种方式今后还会应用到更加复杂的组件当中。

按钮是系统在视觉风格上最纯粹的表达方式，它把颜色、字体和图像这三大属性紧密结合，形成了一个不可分割的单位。按钮也同时引起了关于留白的讨论：内部填充和外部边距。

我们可能会想到一个问题：按钮中的文案可以有多长，文案采用什么词语，比如"保存"或者"关闭"，是否应该在动词后面加上宾语，比如在"保存"后面加上"文档"，常见操作有惯用的标签吗……这些就需要看在按下按钮之前你是怎么说明的；或者在按下按钮之后你的业务逻辑场景是怎样的。

比如，在预订酒店的填写页流程中，按钮的文案是"支付预授权"，但对于"预授权”这个词，大部分用户并不懂它的意思，于是在按下按钮之前，我们需要添加解释预授权的说明，其实它就是担保费：预订者先支付一笔担保费，然后到了酒店后再支付一笔房费，目的是避免预订者因为不入住而造成酒店的损失，这笔担保费会在预订者入住之后返还给预订者。在按下按钮之后，有一种场景是填写信用卡信息；还有一种场景是直接完成预订。对于前者，我们使用“下一步”的文案，以减轻用户预订时的决策成本，相对预订来说，“下一步”代表还没有下决定；对于后者，我们使用了“完成预订”的文案，告知用户这是预订的终点。所以对于这个按钮设计的修改，表面上看到的只是文案的修改，但背后修改的却是整个按钮的认知逻辑场景。一个告知预订者下一步还有其他操作，另一个告知预订者这是最后一步操作。一个好的按钮能告诉用户下一步的用户期望是什么。为用户提供更轻便的按钮点击场景或许能使产品业务逻辑的点击率大幅上涨。

回到按钮之前，在预订酒店的过程中有三个前置的场景条件需要设定。首先，在预订酒店的时候，预订者需要知道预订酒店的目标是什么，其次是为什么要完成这个目标，最后是达到这个目标以后能有什么样的好处。比如，预订酒店的目标是全家去东京旅行，其次好的酒店是美好的旅行的一部分，预订好的酒店能让整个行程更加完美。这个“好”可能和酒店附近的交通、酒店和房间的环境、酒店价格、支付过程有关。最后是用户是否达到了这个目标。

基于以上分析，我们将触发按钮的前置条件进行了补充修改，使“预订”按钮本身与价格展示的逻辑发生关联，即酒店总价是 8000 日元，约等于 500 元人民币，预订之后需要到酒店付款，目前只需要付担保费。这样预订者就能知道他预订的酒店的价格和支付过程是怎样的，并对不同酒店的不同支付方式给予不同的解释说明。

我们始终认为好的交互能把现实世界中的真实交互转移到线上，并让其自然地发生。

在用户使用 App 或网站时，认知功能逻辑的背后存在这样一种心理：个体在接收信息的时候不喜欢思考得太多，他们经常依靠过去的经验和个人的直觉，并应用许多认知的捷径处理这个信息，这种利用直觉的判断系统可以减轻用户在操作时的认知负担。

请大家回忆一下，当我们进行许多简单的操作时，大脑并不需要周密严格的思考，只是下意识地觉得好像应该是这样做，然后就做了。当在 App 或者网站上操作时，尤其是进行一些选择性的操作时，这种认知功能的操作模式实际上更显而易见。

《影响力》这本书提到了一个观点：社会心理学家认为，用户一旦做出承诺，即选择立场、公开表明观点，他们就会不假思索地照着先前的承诺去做，只要站稳立场，人就自然想要倔强地按照与该立场一致的方式去做，哪怕在做出最终决定之前已经有了初步的倾向，他们也会在这之后偏爱与承诺一致的选择。

基于以上理论，我们将酒店详情页的按钮文案“预订”改成了“立即预订”或者“现在预订”，这强化了预订者的行为，建立了让预订者留下自己承诺的通道，让他们对产品更加具有归属感和依赖感。

我们平时可能会注意到，在淘宝和京东（非自营）购物时，大家在商品下单页的右下角会看到两个按钮（“加入购物车”和“立即购买”）；但在京东自营购物时，右下角只有一个按钮（“加入购物车”）。

如果只放置“加入购物车”的按钮，那么购物过程会增加一步，用户需要点击“加入购物车”按钮，然后点击“购物车”图标才能进行结算，购买率可能会有所下降。如果放置“加入购物车”和“立即购买”两个按钮，又起不到利用促销商品带动其他商品销售的作用。在小数据的方案测试中发现，放置两个按钮会使销量得到一定的提升，但涨幅始终不大。

请大家分析一下问题出在了什么地方。讨论的前提是在同等价位下购买者做出的选择，主要干扰因素是按钮而不是价格。

首先对电商类型的竞品进行对比，带有两个按钮组的一般是C2C类型的产品。比如淘宝，由一个用户商家直接卖给其他用户买家。对于这类产品，“立即购买”的好处在于独立商品无须考虑组合购买，能刺激用户迅速下单。但是对于B2C类型的产品，其App中所有的商品都是由商家供货、自己进行出库管理的，比如京东。

采用一个按钮的设计，通过引导用户加入购物车可能还能引发用户的后续操作，比如引导凑单、提供满减、推荐商品、会员特惠等，可能在这个过程中就能引导用户产生购买更多商品的行为。但是“立即购买”的模型是什么呢？就是选择商品→立即购买→确认商品→支付，然后购物过程就结束了。所以这是在解决两种不同的用户场景需求。

接下来讨论按钮的背景色。在纯白背景下，大多数样式的按钮还行得通，但如果你把按钮设计成与导航栏一样的颜色，用户还能察觉到按钮的存在吗？

进行视觉设计时，要在页面底部加上按钮，若上下颜色采用同色设计，并且底部按钮没有突出显示，那么就会让用户不易察觉到按钮的存在。

最好的方式是修改上层的颜色，突出下层的操作区；在下层的操作栏中设置更明显的按钮区域。

按钮能唤起页面操作，通常用主按钮吸引用户对页面的最优先功能的注意。除非页面上分布着许多主按钮，这时候我们没办法排序优先级，那么“用主按钮吸引用户的注意”这一招也就不管用了。

某些情况下，使用一个主按钮是正确的做法。比如你需要从一组平行对象或页面展示的不同类别的选项中做选择。你应该定义何时允许在页面中有多个主按钮，否则你要知道如何避免在页面中出现多个主按钮。

按钮是最简单和原始的交互，交互伴随着改变。仅仅给开发者呈现页面加载时按钮的样式以表示“按钮长这样”是不够的，应该由设计者决定切换状态的按钮是如何呈现的，包括默认状态、鼠标悬停、焦点获取、旋转等待的动画，将按钮和图标结合使用能强化意义并加快用户认知。

按钮是一个位于可预测点击区域的标签，当你加入一个元素之后，即使只是一个简单的图标，按钮的布局也不应该被破坏和分解。尤其是当产品是为全球用户而设计的时候，这会引起一些诸如语句长短不齐和显示不全的烦人问题。你会想把这些问题都一一化解，特别是当按钮可能包含了图标或其他信息时。

我们需要尽量把按钮做得灵活一点，不论是用代码还是设计工具，要使其具有一定的可以容纳其他元素的弹性。当使用者想添加图标或者其他元素时，都不用担心内部留白或显示方式等的影响。

在离开支付页面的时候，总会有一个弹窗挽留你不要离开当前页面，还把“离开”按钮设计成灰色（次要选项），把“继续支付”按钮设计成高亮（主要选项）。

这就需要在具有醒目颜色的主选项旁边加上一个次要选项，避免出现另一个同样醒目的颜色，否则会导致两个具有醒目颜色的按钮一个挨着一个，比如绿色的“保存”按钮和红色的“提交”按钮。不仅是设计者，还要让使用者也能知道哪一个按钮更重要。

在表单或对话框中，按钮通过区分颜色的方法吸引用户的注意。当用户需要在主要行为和次要行为之间进行选择时，视觉区分是可靠的方法。主要行为的按钮需要更多的视觉比重，它应该是视觉元素更多的按钮。次要行为（如“取消”或“返回”等）的视觉比重则应该较弱，从而进一步引导人们取得交互过程中的结果。

我们发现，在进入登录页面后未输入密码时，“登录”按钮处于禁用状态；输入密码后，“登录”按钮被点亮。

所以要将次要按钮的颜色和它的禁用状态区分开，确保所有选项的颜色和谐统一，没有哪个按钮是不易被发觉的。

再来说说幽灵按钮，其外观上仅由同色的文案和边线构成，缺少中间的填充色。文案后面是什么可就不确定了，最简单的情况是白色背景，但在其他时候，渐变色或者视觉元素丰富的照片会让文案很难被识别。

幽灵按钮吸引着设计师把按钮设计得复杂高深，而不像朴实的高对比度的主按钮，所以它才被称为幽灵按钮。我在可用性测试后观察到，幽灵按钮在可用性测试中被披上了一层隐形斗篷，被测试者看不到或是无法识别它们，这可能会削弱或破坏按钮的价值，让它们无法通过交互提供那些我们意图展示的操作。

按钮的状态其实是最简洁的状态提醒器，在某些页面下，舍弃了它就需要再提供一个显示状态的地方，反而会越来越复杂。

比如在微信的个人中心修改姓名，使用者点击进入此界面的时候，若修改了姓名，"完成"按钮就会由灰变亮。如果"完成"按钮一直亮着，那么用户反而会困惑：进入此界面但未做任何的操作时，是否已经改变了原有的设置？

如果用操作系统提示的方法，"完成"按钮一直亮着，用户在未做更改时直接点击"完成"按钮，然后弹出"没有任何修改"的提示，就显得太复杂了。

在有些场景设置系统提示是有必要的，即让按钮永远处于可点击的状态，但是在条件未达成的情况下，点击按钮后出现问题提示是目前常用的一种设计。比如酒店填写页的"预订"按钮，在未填写完必填信息的情况下点击"预订"按钮，系统会及时反馈未完成项，提示必须填写完成才可预订。同时需要实时校验，以酒店填写页为例，对每个关键输入框都进行实时逻辑校验与提示，避免用户在填写完整个表单以后点击"预订"按钮还是会弹出"请输入姓名"等弹窗提示。

交互可以发生在密集区域，比如在卡片或侧边栏模块。其他时候，你可能需要将一个大型按钮用在占据了整个视窗的最大的图片上。

在扁平设计时代，扁平按钮多用于对象导航和任务导航。在默认状态下，它与超链接几乎没有区别。

如果你的系统提供了扁平设计，请确保设计和代码上的习惯用法，要与超链接区分开。此外，确保方案涵盖交互的复杂性，例如默认状态、鼠标悬停、焦点获取、旋转等待。

内容丰富的按钮可以通过触发关联菜单面板进行选择。很多系统提供了丰富的选择以使UI更紧凑，比如下拉列表或下拉按钮。

下拉按钮默认显示当前选项，如默认当前的语言和币种；或是展开独立选项菜单，如男性或者女性。比如，酒店详情页在物理房型的右边加入了一个向下箭头，你就能得到一个额外的分隔空间，从物理房型下面下拉出一个菜单选项，同时选项右边的标签可以激活一个单独的主要动作，比如酒店详情页中房型卡片的"预订"按钮。

用按钮菜单选项丰富你的App，但是要谨慎。左边是图片信息，右边是文字信息和操作的按钮。空间分隔虽然支持很多应用场景，但是带来了更大的代码开销和更复杂的用户引导。若是设计更简洁的网页，就不要多费心思优先考虑这种不常用的方案了。

按钮可以成组。一个按钮组通常由一个主选项和一个或者多个次要选项配对成套出现。切换开关可以显示开启或关闭状态，比如打开免密支付或显示一组选项中被选中的选项，再比如文本的对齐选项有左对齐、右对齐、中间对齐以及两端对齐。最复杂的情况是工具栏把各类按钮都包含了，如主按钮、次要按钮、切换开关、菜单以及其他。

在扩大按钮的多样性时，需要探索并压缩测试按钮在紧凑格局下的多种组合布局方式。设计师不是预言家，不能预言各种各样的情况。但是探索合理范围内的多元应用场景能帮助你避免被用户讨厌。

为了确保按钮设计适合用户，你需要先提出几个问题。

（1）用户是否能准确识别出按钮？让按钮看起来像一个按钮，通过大小、形状、阴影和颜色建立按钮与用户的沟通。

（2）按钮的文案是否提供了关于点击后会发生什么的明确信息？最好为按钮命名，解释它能做什么，而不是使用模糊的语言。

（3）用户可以轻松地找到按钮吗？按钮的位置与形状、颜色和文案一样重要。

（4）如果有两个或更多的按钮，具有主要行为的按钮是否具有较强的视觉比重？通过对每个按钮使用不同的视觉比重区分多个选项。

按钮的使用也需要深层次的思考。下面分析飞猪和Booking的日历，如图7-37所示。

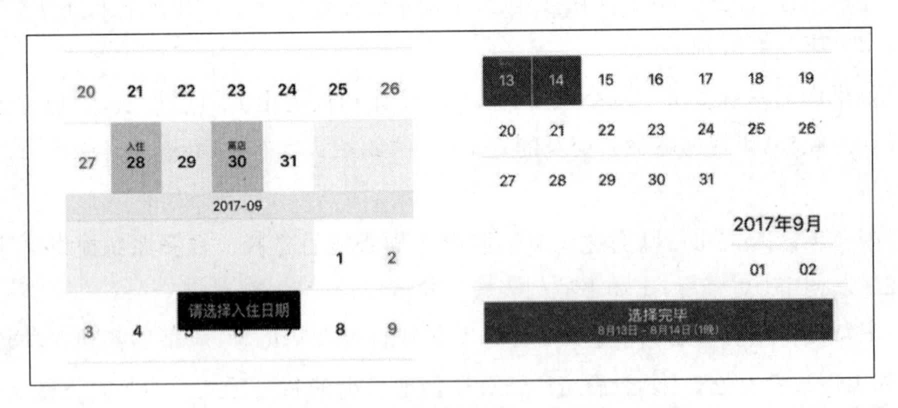

图7-37　飞猪和Booking的日历

从飞猪的日历中可以看到，选择入住时间和退房时间后，页面自动跳转至上一操作页，而Booking的日历的底部有一个“确认”按钮，功能比飞猪的“选择退房”操作多了一步，但都是在操作完成后返回上一操作页，这会不会有些多余呢？

选择“28日入住”后，点击“30日离店”的效果与上面的“确定”按钮确实没有什么区别。再三思考，回到场景分析，其本意还是有所不同的。上面的“选择离店日期”是对离店时间的确认操作，Booking的选择离店时间后还需要点击“确认”按钮是对全部操作的确认，只是从体验上讲，点击“确认”按钮的同时并没有执行操作。虽然飞猪的“选择离店日期”的跳转和Booking的点击“确认”按钮的结果一样，但是用户的需求和心理体验是不同的。

飞猪的查询页的“入离日期”选择只有一个操作入口，但是Booking有两个，既可以选择入住时间，也可以选择离店时间，如图7-38所示。

图7-38　飞猪和Booking的查询页

下面分析使用路径。用户选择入住时间后，离店时间就会清空；飞猪要求用户必须先选择入住时间，然后才能选择离店时间，而Booking要求用户选择的离店时间只要大于入住时间即可。在操作步骤上，飞猪用了两步：选择入住时间，选择离店时间。Booking同样用了两步：选择离店时间，选择确认。

我们通过用户体验地图分析发现，飞猪的查询页的入离时间只有一个入口，决定了只有一个路径：修改入离时间-选择入住时间-选择离店时间。Booking的查询页的入离时间有两个入口，决定了有两个路径：修改入住时间-选择入住时间-选择离店时间-确定或修改离店时间-选择离店时间-确定；这个“确定”按钮对两个路径做了同样指令的操作，这就是它的意义，它是对日历修改行为的终止。

同时考虑到新用户在进行日期选择时对这种选择两个日期的误操作率很高(失败)，很多人经常会跳转回去不断调整，所以就需要在当前页面尽可能地让用户输入正确，即使输入有误也可以即时修正，因为一旦进入下一页，回退修改的成本会提高很多，得不偿失，所以之前一直都有这个确认过程。后续之所以将该过程逐步取消，应该是因为现在这种操作已经形成了行业基准，大家都有基础认知，输入的成功率显著提升了，所以回退得就很少了，自然而然就取消了这个确认过程。

两种操作的用户动机不同，期望也不同。可能有些用户在选择入离时间后便点击“确认”按钮，完成了整个修改操作，因为他犹豫不决自己预订酒店的时间；也有可能有些用户在选择入离时间后，认为已经完成了整个操作，因为他很肯定自己预订酒店的时间。

不过回头看看支付宝和微信的支付密码是否需要“确认”按钮的问题，我引用了支付宝支付界面的设计者留言，以下是他的原话。

“一件事情要做到极致，我们想把已经很简洁的收银台做得更简洁。做减法很难，我们把目光瞄向了下方的‘取消’和‘确认’按钮。粗约地构想之后，我们觉得靠谱，用起来可能很爽。当然也有人反对，然而这些争论并没有任何作用，言语上的胜利没有任何意义。如何判断这个设计是否合理要做出来体验、收集反馈，这才是有意义的方式。于是我们做出来了，大家用了，觉得确实不错，并没有觉得不安全，并且在使用时还会额外感到些许的愉悦感。我们把这个设计发布给了全量用户，很多人喜欢，基本没人投诉，这个设计被验证了，之前所有关于用户可能会感觉不安全的争论只不过是过眼云烟。”

第8章　设计探索

“我的产品设计基本理念之一是专注和简单。简单比复杂更难，你必须深思熟虑、化繁为简，但这样做的好处有很多，如果你能做到这一点，移山填海也不难。”——史蒂夫·乔布斯

8.1　游戏体验式设计

对于游戏体验式设计，维基百科给出的定义是：游戏化是指在非游戏应用中使用游戏机制，特别是在消费者导向的网站或移动网站中，目的是鼓励人们接受这种应用，它积极地引导人们经常践行应用所期待的行为，让技术更具魅力，鼓励期待的行为，利用人类钟情博弈的心理倾向，鼓励人们从事索然无味的杂事，如填写问卷、阅读网站。

游戏化思维是指把非游戏化的事物分解或抽象为游戏元素，然后把游戏元素巧妙地组合到游戏机制中并系统地运作的思维方式。

常见的游戏机制包括：挑战、机会、竞争、合作、反馈、资源获取、奖励、交易、回合、胜负制等。游戏元素需要根据实际需求进行分解。

游戏化是一整套系统，需要把多种机制独具匠心地有机结合，而不是某一机制的单独应用。

1. 挑战

如图8-1所示，表现形式为关卡制，比如把一个星巴克咖啡券拆分成多个猫卡片作为关卡，把目标分解为一系列难度适宜且富有挑战性的任务，从而使人们更易行动，也更容易完成小任务以获得满足感。显示关卡的进度和拆分关卡都运用了目标梯度效应，即用户越接近目标就越有动力完成任务，从而激励用户通关。

2. 竞争

如图 8-2 所示，表现形式为排行榜，用户喜欢得到关于自己和他人之间的差距的反馈，这种反馈可以激发用户的攀比心理，从而完成更多任务以充实自己并超越他人。遥遥领先的用户享受炫耀的感觉且厌恶损失，为了巩固自己的领先地位，他们会不断地完成任务。

3. 合作

如图 8-3 所示，表现形式为合作，通过聚集具有相同目标的用户，使他们自发地互相鼓励、互相监督，一起努力完成任务。合作机制可以为用户创造归属感，多人一起应对挑战会让用户更有安全感。

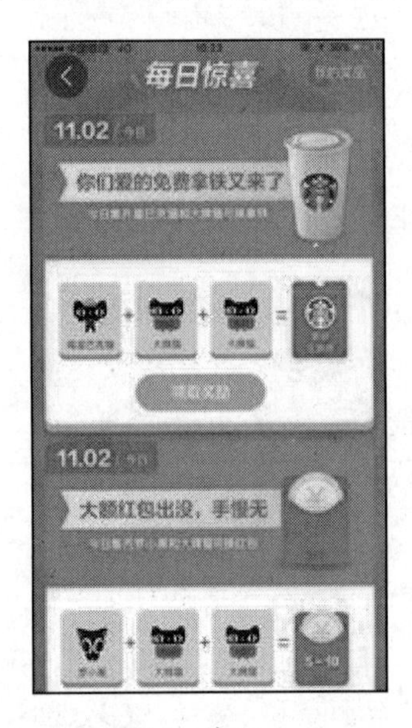

图 8-1　淘宝 App

图 8-2　微信运动

图 8-3　平安好医生 App

4. 反馈

表现形式为排行榜等，用户希望知道自己表现得如何，更想知道和其他用户相比自己表现得如何。通过花费时间和精力完成任务，看到自己在排行榜的排名上升，用户能看到自己的进步，会产生自豪感，同时会更有动力完成任务，反之亦然。反馈系统告诉用户自己距离实现目标还有多远，反馈最有魅力的地方是即时性，反馈得越即时，用户就越有掌控感和动力。

5. 奖励

表现形式为奖励，它可以激励用户打通更多关卡和养成每日习惯。奖励作为一种对人们行为的评价，在行为开始前能提示和引导用户的行为；在行为发生后具有正反馈，即鼓励用户保持和发展这种行为。可以将签到设计成连续签到有奖，利用厌恶损失的心理刺激用户连续签到；还可以利用斯金纳箱效应，让用户对每次签到都充满期待。斯金纳箱效应是指利用每次打开宝箱所获得的奖励的不确定性刺激用户打开更多的宝箱。

6. 交易

如图 8-4 所示，表现形式为积分兑换，完成任务和每日签到后奖励的积分可以用来兑换礼品，刺激用户对积分的需求，从而激励用户更多地完成任务以获取积分。交易机制的特点就是刺激用户对货币或稀缺资源的需求，从而使激励手段更有效。对于某些产品来说，用户之间的交易过程也是促进用户互动的过程。

7. 回合

如图 8-5 所示，表现形式为唱歌 PK，用户可以随机与不同的用户 PK 唱歌，也可以邀请好友 PK，在运用了竞争机制和胜负机制的同时，也避免了一直面对同一用户的单调乏味，随机选择对手还能让用户产生好奇心和期待，增加了 PK 的乐趣。

图 8-4　平安好医生 App

图 8-5　唱吧 App

8. 胜负

表现形式为PK,每个人都喜欢胜利,胜负带来了刺激感,而且在对决的过程中用户可以尽情地发挥自身的技能。胜负机制其实也是一个反馈用户与其他用户之间的差距的机制,同样可以激励用户完成任务。

9. 目标

表现形式为账户等级和勋章,给用户一个目标,让用户有所期待,在实现目标的过程中,用户就完成了我们希望他们执行的动作。

10. 资源

表现形式为账户等级和勋章,用户喜欢获取自认为有用或值得收藏的事物,对有些用户来说,勋章和等级是一种地位和身份的象征,如果他们想要获得这种象征,就要完成相应的任务或购买会员以加速升级。而完成相应的任务和购买会员的行为都是我们想要的。

会员体系可能会触发凡勃伦效应:人们渴望炫耀自己的地位和身份以满足虚荣心,所以价格越高,需求就越多。

8.2 卡片式设计

PC端和移动端逐渐摈弃了传统单一的页面设计,开始向完全个性化的用户体验发展,这种发展也是基于大量独立内容模块而流行的。其中,卡片就是最新的一种独具创新的概念。

卡片作为一种拟真元素,包含图片或文字在内的小矩形模块,可以被堆叠、覆盖、移动和划去,它是用户了解更多细节信息的入口,还可以展示包含不同元素的内容。卡片极大地拓展了内容模块的视觉深度和可操作性。比如微信头像,当一群拥有同样目的的用户需要建立一个组织的时候,他们会建立一个微信群,多个用户的头像会被缩小到原来的九分之一并被堆叠在一个头像上,默认按进群的时间顺序排列,同时可以随时离开微信群。

在用户界面加入卡片设计可谓完美的拟物,因为它们看起来就像日常生活中真实存在的卡片。其实早在手机设备出现之前卡片就已经存在了,比如名片、健身卡、扑克牌等。当今,卡片是目前使用得比较广泛的一种交互模型。因此对用户而言,其更能凭直觉被认知,这些卡片就代表真实生活中的某个事物。

此外,就小故事的推广而言,卡片也是非常棒的选择,桌游卡就是一个典型案例,如图8-6所示。你所需要了解的某种角色的基本信息都显示在卡片的正反面,每张卡片都代表一个角色的职能。

图8-6　桌游卡

当内容都被规划为不同的卡片时,传统的框架便会被打破,利用空间的方式会得到极大的拓展。比如,一个列表页在传统的列表状态下基本上只能纵向滚动,横向滚动的场景多见于微信首页的左滑删除信息。但是如果将列表内容组织成卡片,那么就可以很容易地实现横向滑动操作了。

卡片将内容划分成了多个有意义的部分,由最小信息单元组成,并汇总形成连贯的整体内容。不同大小的卡片能够被方便地放在一个卡片组中,或者说同一种大小、方向的卡片很自然地被归结为同一种逻辑类型。比如,对于一个需要分组的集合而言,合理利用不同类型的卡片比传统列表项用标题和分割线分组以及集合所带来的阅读理解效率要高得多。

基于卡片的设计通常依靠视觉设计,而使用大量图片就是卡片设计的一大亮点。研究发现,图片可以提升网页或App的整体设计,因为图片可以快速有效地吸引用户的注意力。所以,加入图片也使得基于卡片的设计更加引人入胜,如图8-7所示。

图8-7　某个App

卡片设计更易于在不同尺寸的屏幕上排布内容,可以很方便地做到视觉风格的统一。比如,在iPhone 5

的手机屏幕上可以横向显示 3 个小卡片，在 iPhone 6 的手机屏幕上可以横向显示 5 个，在 iPad 的屏幕上可以横向显示 8 个。传统的列表项很难在做到这点的同时保持列表的规整。

比如 Dribble，如图 8-8 所示，它是一个为设计师等设计创意类作品的人群提供作品在线服务并供网友查看作品的交流类网站。要展示这类内容，基于卡片的设计是再合适不过的选择了。

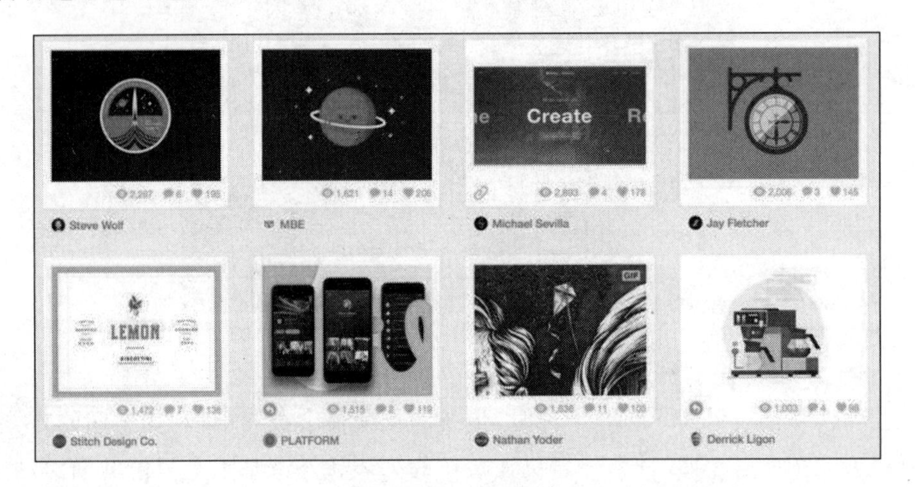

图 8-8　Dribble 网站

卡片是立体的，它有深度，可以被翻转，扩展性很强。翻转之后的卡片可以显示针对卡片的操作或者更多信息，而这也是和当前卡片紧密相关的操作和信息，是非常自然和方便的。

卡片自带边缘，可以很容易地制作边界线，暗示触摸区域的大小，相比传统的分割线要灵活得多。通常情况下，卡片的视觉整体区域等于触摸区域，而用户的触摸范围会被引导至卡片的视觉边界内。

在同一个页面布局中，卡片宽度应保持不变，但高度可以相应调整。卡片的最大高度受限于该平台可用空间的高度，但也可以临时延伸。

从设计角度来看，卡片最好采用圆角，并且最好带有一点阴影。圆角会使卡片看起来更像内容块，阴影则可以反映出深度。

这些元素在不分散用户注意力的前提下能给设计带来一些视觉亮点。另外，它还能给人一种卡片像是要从页面中跳出来的感觉。

卡片设计恰当的话，可以提升 App 的用户体验，因为其功能性以及外形的原因，它成了用户界面中的一个增值元素，对于用户来说，他们也更能凭直觉进行交互。

卡片是一个可以装入任何内容的盒子，将不同的内容置于卡片之中可以方便用户理解。

这样一来,用户可以更轻松地了解其最关注的内容,同时也使用户可以通过各种方式进行交互。

卡片最重要的是它们基本上极度容易被掌控。不管在PC端还是移动端,加入卡片设计的效果都非常好,因为内容可以通过更易理解的卡片呈现给用户。就响应式设计而言它是不错的选择,因为以内容盒子呈现的卡片可以方便地扩展或收缩。在跨平台设备上设计出统一的美感也就不会显得步步维艰了,这也是为什么可以通过卡片在不同设备上轻松地设计出相同的用户体验的原因。

卡片是为拇指而设计的。这句话听起来好像是说卡片是专为App设计的。手机App设计可以作为卡片普及的核心部分。数字卡片其实和实体卡一样,它也可以给用户带来舒适的体验。

用户也不必太过关注于这些设计到底是怎么做到的,用户喜欢卡片的简单,并可以凭直觉了解其相关功能,比如翻转卡片以获取更多信息,左右滑动以获取其他卡片信息。

设计时一定要思考用户会如何使用他们的拇指在界面上交互。所以,界面内容区域的大小一定不要让用户在交互时感到不适。

卡片手势也应该一并考虑并置于卡片组内。在同一页面尽量减少滑动操作的数量,这样可以减少卡片互相重叠的可能性。

比如,可滑动的卡片不应该再包含可滑动的图片,这样就能保证在滑动卡片时只出现一次交互。

卡片以信息流的形式呈现,制造了一根自然的事件时间轴。卡片的作用在于分散信息流,它们能够将事件从无穷无尽的信息流中分离出来,并在打包后再分享出去。

卡片可以使相关内容自然地呈现出来,让用户发掘其自身兴趣的所在。如图8-9所示,探探App的卡片可以向左或向右滑动,系统通过地理位置会自动推荐与你有共同爱好的人。

Pinterest网站在内容架构方面通过图钉将页面设计成类似瀑布流的动态布局,以吸引用户进一步浏览。他们将信息从功能中分离出来,使其与当下情景相关,如图8-10所示。

因为卡片是内容盒子,所以利用它们进行行为号召再适合不过了。卡片最主要的行为其实就是卡片本身。比如iPhone上的AirDrop功能,当手机收到数据传输请求时,带有通知的卡片会自动跳出,让用户选择接收或拒绝数据传输。

图 8-9　探探 App

图 8-10　Pinterest 网站

利用卡片还可以简单地将许多任务归类。这里不得不提 Teambition App，如图 8-11 所示。Teambition 中的看板页面可以添加很多卡片，每个卡片都代表一项独立的任务。

不需要太多用户交互的同类内容不推荐使用卡片，可快速浏览的列表或栅格才

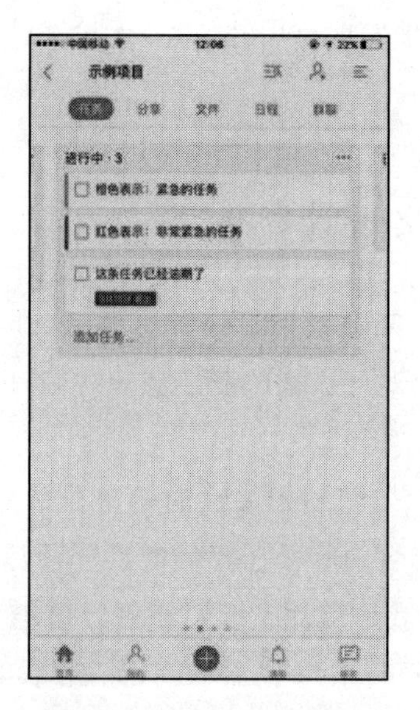

图 8-11　Teambition App

是比较合适的选择。

在图片集或相册中也不推荐使用卡片。展示图片集时，栅格本身就是最简洁轻便的选择。

当你考虑在不同的设备上显示内容时，不妨跳出以往的框架，考虑响应式布局。当你需要不同大小的图片时，中心裁切会为你帮大忙，它可以在牺牲图片一部分边缘内容的前提下保持原图片的比例。中心裁切可以帮助你很容易地制作在框格视图和错落布局中使用的图片。

提到排版布局，就不得不提由内而外的设计，它是指把你想要展示的内容放在最显眼的位置，而不是从一个空白的画布和网格开始生硬地往里面填东西，而这种设计风格最直观的体现就是卡片。

当我们开始考虑展示内容的时候，会注意到内容有不同的形式，相应的，我们也应该选择不同的展示方式。就卡片而言，我们可以采用大卡片、中卡片或者小卡片，以及竖排的卡片或者横排的卡片，这些卡片都代表着不同的内容。当你确定了你将要采用哪种卡片的展示方式之后，你就可以开始把这些卡片放在屏幕上了。

有的时候，用户可以向卡片中添加项目，也可以删除它们，这些项目可以被移动和操作。那么，如何使这些卡片上的变更行为变得更为友好呢？

对于一个可以被用户变更信息的卡片而言，添加和移除项目是最基础的操作。向卡片中添加项目的方法有很多，一般情况下，最常见的方式是提供一个“新建/添加”按钮。

现如今，用户希望快速地发现有用的信息，无论在什么设备上，卡片的反馈都是很好的。

8.3 个性化和自定义设计

如果一个酒店预订平台知道我预订过什么酒店，那么根据我的酒店预订记录，酒店预订平台就能知道我会对什么样的酒店感兴趣，有时你会觉得酒店预订平台比你还了解你自己。

个性化设计是提升用户与网站相关性的一个非常好的方法。比如针对网站的新用户和老用户区别展示首页内容。在我们的酒店预订平台上，新老用户的比例大约是 3∶1。基于这个数字，我们就注定要给新用户和老用户展示不同的内容。我们的老用户通常与新用户想要的东西完全不同，而后者可能想先对公司有更多的了解。比如，我们应该给老用户展示最新的折扣或商品。

可以在酒店详情页推荐其他酒店，但是务必推荐相关的酒店。我们在商品详情页总能看到“附近同类型酒店”，但我感觉，这种所谓的“附近同类型酒店”其实是根据市场部门认为用户想要什么而手动录入的。比较好的方式是向用户展示其他人在预订酒店的过程中已预订的附近的酒店，而且这些酒店要与用户的目标酒店非常相似。

还可以在酒店详情页推荐其他酒店，务必对推荐的酒店保持务实的态度。如果用户要预订 500 元的酒店，那么给用户推荐 1000 元的酒店是毫无意义的，因为后者显然不在用户能承受的价格范围之内。

实际上，聪明的个性化推荐引擎和电子零售商会动态地推荐商品，并且会推荐比用户搜索的商品的价格略高的商品。所以，如果用户找的是 500 元的酒店，为什么不给他推荐一家 520 元的酒店以让利润空间更大呢？道理同样适用于推荐更低价的酒店，假如用户的期待价格是 500 元，那么为什么要展示 480 元和 460 元的酒店呢？个性化推荐应该把这种情况处理得更聪明一些。

当我与客户谈论个性化时，有趣的是他们认为个性化的唯一实现方式是通过称呼用户的名字欢迎用户，比如“Hi，力立”。我们可以这样做，但我们能做的比这要聪明得多，我们可以在用户旅程中的每一步都实现个性化。

我们拥有可用的数据，这使得我们能够提供个性化的用户体验。使用这些数据可以帮助你提升转化率，同时改进你的用户体验。

个性化方案的内容是由用户所使用的系统决定的，开发人员通过对系统的设置能够识别每一个用户并为他们呈现符合其角色特性的内容、体验甚至功能。个性化可以在个人层面上完成，比如淘宝基于用户的浏览和购买历史所给出的推荐商品也可以在群组或特定人群中完成。比如在一个企业内网中，系统只向特定职位或角色的人员展示相关的内部信息，如某些与工作相关的功能。

除了个性化方案，自定义方案的内容则取决于用户自身的设置，一个系统可能允许用户自定义配置页面布局、展示内容甚至功能特性以满足他们的特定需求。比如，自定义可能会涉及在用户界面中对某些默认内容进行移动排序以体现用户喜好的优先级，或者涉及选择用户感兴趣的话题、修改主题色或者是关系界面视觉设计的其他因素。

个性化方案的主要目标是不需要用户费尽心思，系统能够直接将符合用户需求或喜好的内容和功能展现给他们。系统通过构建用户画像，然后将符合需求的内容呈现给用户。个性化方案的应用可以展示或强调一些特殊的信息，限制或允许用户使用特定的工具，或者是通过记住一个用户的相关信息以简化交易系统和操作流程。

在一个酒店预订平台上，一个用户可能会看到关于自己访问或查询过的目的地的酒店促销和特价信息。在一个企业内网中，个性化可能意味着系统能够将某些只有特定员工才能访问的工具对其他员工禁用。在一个应用程序中，个性化可能是指系统保留着用户过去的搜索历史，能够让用户快速地重新访问那些他们可能会感兴趣的信息。在这些情况下，没有哪一种是需要用户采取措施引起变化的，而都是系统基于用户的身份所做出的响应。

个性化方案有一种基于用户角色的策略，将用户基于某些已知的、定义好的，而不是依靠系统基于每个用户的历史行为所推断出来的特征进行分组，这在企业内网中尤其普遍。人力资源资料库拥有每个员工的大量信息，比如只有那些拥有下属员工的管理人员才能在他们的个人信息面板中看到“我的下属”这条信息。

个性化方案还有一种基于个体的策略，这听起来像是一个冗余的描述词组，但应该与上述策略区分开来。在这种策略中，计算机为每个用户创建一个模型并展现每个人身上不同的东西。比如计算机可以通过某个用户的查询或购买历史推断出她是否怀孕。

个性化的好处是带来了更好的用户体验，它不需要用户付出任何额外的努力，而是交由计算机完成所有的工作。个性化不利的一面是，这种方法任由计算机推断每个用户的需求。此外，如果计算机过于擅长猜测关于用户的某些事情，一些用户可能会觉得不安全。

相反，自定义方案使得用户能够自主选择他们想看到什么，或者是满足他们对信息的组织或显示形式的偏好。由于自定义方案允许用户掌控自己的操作行为，因此它使用户体验得到了提升。

自定义方案的应用可以允许用户追踪除了当前所在地外的更多城市的天气状况，比如旅游目的地或者朋友和亲人所在的城市；还可以允许使用企业内网的用户创建一个页面，包括他们时常访问的页面链接；再或者可以允许用户在网站主页中移动某些内容以匹配自己的喜好。

自定义方案的优点是每个用户都能够精确地得到他们想要的信息，因为这些信息都在他们的掌控之中。其不足之处在于许多用户实际上并不知道他们到底需要什么，而且大部分用户都对这种要求他们做出偏好选择的做法不感冒。

无论是个性化还是自定义方案，其都有能力提升用户在网站中的体验，但是他们不应该被作为修复手段以弥补一个设计糟糕的网站。如果用户在一个网站中很难找到感兴趣的内容，解决方案可能并不是采用个性化或者自定义方案，而是要解决网站的基本结构和展示的内容。

自定义方案适用于用户在访问你的网站时明确地知道他们的目标和需求是什么的假设场景中。因此，它更多的是基于用户的自然智能而非系统的人工智能。另一方面，个性化是基于系统随时间推移而构建起的一套人工智能系统。如果用户不知道他们需要什么，必须通过一个巨大的信息空间过滤查找时，那么这种方案能够发挥很好的作用。不过要想成功，系统必须与用户的自然智能具有高度的相关性并和用户的需求保持同步。

自定义方案需要更高的操作成本，用户必须花费一些时间将站点配置到最符合他们的需求的状态。而对个性化方案而言，这部分工作都由系统处理完成。

设计师通常对于那些提供给用户的东西，无论是从构思、功能请求或其他来源上都有很多好的想法和创意，他们往往很容易把这些选择交给系统处理，然后依赖于自定义或个性化方案将用户界面处理成易于控制的状态。

我们应该抵制这种诱惑，将想法和创意根据重要性进行排序，以此创建一个易于扩展使用自定义和个性化方案的基础设计方案是设计师的职责所在。

相比于用来修补一个用户体验糟糕的网站，个性化和自定义方案应该用在一个已经具备良好体验的网站上。在使用时应该赋予它们明确的目的，并保证设计得贴心。另外想想看，其实无论是自定义还是个性化，它们都需要随着时间的推移保持长期的有效工作。使用个性化策略要求系统定期检查以保证正确的内容面向正确的用户，而自定义则要求允许用户能根据自己的兴趣和偏好的改变而对系统做出改变。

无论是自定义还是个性化方案，其目的都是将合适的内容和功能特性呈现给符合特定特征的用户，使不同的用户在“同一”页面看到不同的东西。

8.4 国际化设计

现在的世界越来越小，一个App不一定只在中国上架。当你的产品被世界上不同的国家和地区、讲不同语言的人看到的时候，它还能提供同样优秀的用户体验吗？当你无法直接接触使用者时，你会如何做用户研究？

在实验环境中观察用户，通过与用户交谈的过程将这些信息运用到实际的设计中，当你没有足够的预算或时间进行用户测试时如何进行利益相关者访谈，你应该怎么做？当公司不希望你打扰使用酒店预订的会员用户时，你又要怎么办？

获取用户观点的最佳方法是资料调查，除了常规的小规模用户测试外，还有一些其他方式也能够快速获得定性的用户需求。

对于新公司或刚起步的公司，可以从论坛甚至竞品的评论中更好地理解这个行业中的用户。对于相对成熟的公司，客户服务日志和应用程序评价对于了解用户对特定产品的看法是非常宝贵的。

用户研究的关键是用户说了什么，而不是打1星或5星。例如，用户是不满意还是希望将某个功能添加到产品中？用户是真的因为App中的某种体验而感到激动还是仅仅因为他是这个品牌的忠实粉丝？虽然评论往往是带有偏见的，但是请记住，用户最有可能在对产品产生情绪反应时留下反馈。情绪驱动的评论，不管是积极的还是消极的，都倾向于出现异常值，所以下一步就是在所有评论中提取有效的评论并进行观察。

当你想优化某个功能时，App整体的评价对你并不会有很大的帮助，通常我会从这几个问题开始：有没有用户想要却没有的功能？用户对某个UI会感到困惑吗？他们是否抱怨存在故障及性能问题而导致他们无法使用App？他们是否真地喜欢某个比较隐藏但我们却没有突出的功能？我们是否应该把这些功能放在更前面或更核心的位置？用户知道如何使用App吗？我们需要在用户第一次使用时给出一个引导吗？

此外，请务必记住，iOS端App的用户反馈不一定适用于Android端App或者PC端网页。

要重视客服日志。客服和帮助中心的同事是在最前线直接与用户接触的，他们可以帮助用户解决其遇到的特定的可用性问题。换句话说，他们可以持续了解用户是如何看待和使用产品的。

由于用户信息很敏感，因此首先要确认服务通话和联系人是否被记录过。如果有，则询问能否把记录用作用户研究的资料。如果没有日志或无法拿到这些日志，那么获取客服与利益相关者的访谈记录也是一种选择，根据访谈记录可以了解哪类问题或抱怨是比较常见的。

考虑到客服中心的性质和帮助中心的用途，多数反馈很可能都是消极的，即使如此，这些日志也能提供极好的数据，特别是这些反馈有助于说明政策和商业行为带来的一些不好的用户体验，尤其是在用户旅程中已经确切出现的几点，因为你的用户体验不仅仅是移动应用和网站的设计。

NPS 的评分和评论是由用户直接输入的，显然，我们首先要关注的是来自对网站本身的抱怨。例如，用户是不是正在努力地寻找某个功能或者对网站的某个页面感到困惑。除此之外，评论内容可能涉及用户体验过程中所有有问题的部分。

如果一个品牌或公司没有收集网站浏览者意见的习惯，那么从开发角度来看，添加一个 NPS 收集用户信息相对容易。但请注意，如果你的网站上有此类收集信息的功能，那么一定要有人能够积极地查看和反馈用户的信息。

虽然在线论坛应该被质疑，但事实上很多在线论坛仍是极好的信息来源，比如有关数码产品的测评以及某款产品和潮流是如何影响用户的。相关的洞察可能不那么明显，但要用心地寻找你可以轻易发现的有用信息。

许多论坛都是聚焦某个行业的，因此不适用于所有情景。但有很多行业正在跨行业，“知乎”几乎包含了所有传统技术产品的信息讨论，可以提供有用的信息反馈，包括产品、设计、研发等。当然，不是每个论坛都会就某个应用、网站或公司进行深入的讨论，但是可以提供关于该行业中用户的动机和兴趣等重要的信息。

多主题论坛能够按公司或产品进行检索。比如，知乎的功能很多，用户可以在社区中讨论有价值的主题；简书使用比较学术的方式，让许多用户通过自己擅长的学科的知识证实他们的专业性。

也许你的品牌刚刚成立，或者你的产品刚刚面世，还无法在这些资源中获取足够的数据。那么你该怎么做呢？答案是找出你的潜在用户对竞争对手的看法。

无论是最初与利益相关者的访谈还是不停地迭代和测试设计的形式，都不能取代直接与用户交谈的研究方法。即使无法选择一种方法进行研究，也不应该放弃从用户那里收集反馈。好的用户体验设计应该始终基于用户的想法，不要假设最好的实践方法或者从其他产品或行业中借鉴，而是要善于发现你的用户正在说什么。

在用户研究之后，对于设计师来说，还要让你的产品被更多人喜欢，尤其是那些需要走入国际市场的产品，更需要注意细节，因为很多产品都只考虑了某一种语言环境下的设计情况。最常见的国际化问题就是没有为翻译留出足够的空间。如果设计涉及单词，那么就要考虑为单词留出更长的翻译空间，否则文字可能就会被切断。一旦设计好的文字被翻译成其他语言，可能就会出现被迫换行的情况，美丽的设计就毁于一旦了。如果你的设计包含有文字的图片，那么在翻译之后，可能就会变成一场“噩梦”，例如在英语中，几个单词便可以表述清楚的内容在其他语言中可能需要一长串词汇。英语也许不是最简洁的语言，但它是有力的竞争者。西班牙语就比英语复杂，德语更甚之。有很多问题需要考虑，基础问题是最简单的，正如逻辑测试一样，可是细节问题会让你抓狂。你需要从自己的文化环境中走出去，沉浸到另一种文化中。思考语种上的改变对网站设计的各个方面有很多影响，比如确保每个字节都能被转译，考虑可用性的暗示作用，了解在其他国家和地区浏览你的网站是什么样的效果。

在开始设计之前，要对你将要涉及的语言做调研。比如，如果你将要涉及的语种是英语，那么它们会使用类似的字母、相同的书写格式甚至同样数量的占位符。

设计师经常会到处移动 UI 组件以查看它们放在哪里最合适，把文本框放在左边看看，把下拉菜单放在右边看看。当你处理文字的时候，需要格外小心，如果你打算把文字和一些组件，例如按钮、下拉菜单等组合在一起，那么可能会在翻译之后产生很多问题。

这样的设计会对产品的国际化产生不利影响，原因主要有两点：首先是因为在不同的语言中，一个句子中单词的排列顺序常常是不同的，比如法语中形容词的后置，日语中动词的后置等；其次是复数的问题，在英语中，绝大多数名词都有一个单数形式和一个复数形式，但在俄语中，复数有三种可能的形式，在法语中，有不少单词在变成复数之后拼写也会改变，所以如果用户要在句子中输入数字，那么这种设计就可能会造成语法错误，因此建议把 UI 组件放到句子之外。

设计就是关于隐喻的一切，许多设计都是对现实世界中存在的物体的反映。然而在不同的文化中，不同的物品却隐喻着不同的内涵。比如在美国，猫头鹰象征着智慧，而在芬兰和印度，猫头鹰则象征着愚蠢。

这也从另一个角度说明了《设计精髓》一书里面讲到的不要在设计中过分运用隐喻的原则。如果可能的话，要提前对你在设计中所运用的隐喻做好调查。如果担心一个隐喻的运用是否国际化，则可以咨询相关的国际化团队。

从营销的角度来说，我们总是克制不住地要给产品的每个功能起一个好玩的、有意思的名字。然而从国际化的角度来说，翻译后的语言不一定会有源语言那样的效果，甚至可能毫无意义。

为了避免翻译带来的问题，最好为功能取一个描述性的名字。描述性的名字可能比较无趣，但却为国际用户带来了更好的体验。

如果你为产品写的文字是需要被翻译的，那么要保持准确、书面并且中立的风格。但有时候，你可能会想让品牌更有趣，在这种情况下，建议你提供两个版本：一个源语言版本和一个为翻译提供的版本。

通过全球化研究，你可以接触到那些生活环境与你完全不同的人。你会有幸让这些很棒的人打开心扉，让他们详细地对你讲述他们的生活。比如，你在泰国看到一个姑娘走进了一家很棒的餐厅，但她去那里实际上并没有什么事情做，只是因为她不想让朋友们觉得她在家无所事事。你不仅可以聆听她的故事，甚至还能去她家看到她的房间，甚至见到她的家人！你会感觉自己仿佛是梦游仙境的爱丽丝，跳进兔子洞后来到了全新的世界，那里的一切都令你感到惊奇，你开始慢慢学会另一种文化、规则和礼仪。然而，就像爱丽丝梦游仙境一样，当你觉得一切都渐入佳境的时候，一切又可能都是错的。

全球化研究是一项艰巨的任务和责任。所以在选择目的地之前，最好花点时间考虑你自己是否有足够的保障。如果你已经符合下面这些条件，那么你就可以更有信心地开展全球化研究：产品的数据已经出现一些显著且无法解释的变化；你非常好奇一个独特的市场在极端模式下是怎样的；你需要对一个很关键的市场进行可用性测试；公司有高优先级的研究倡议。一旦决定要做，请万分慎重地选择研究地点。全球化研究中的国家选择的重要性相当于常规用户研究中的用户选择。在常规用户研究中，你的用户招募质量决定了研究能否成功，而全球化研究能否成功则取决于国家和地区的选择是否精准。如果你需要选择好几个地方做研究，那么就要保证每个地方之间有足够的差异，从而保证独立研究的必要性。另外，全球化研究并非易事，所以不要同时选择太多的国家和地区。

没有什么比你实际去到那里更能激发同理心了，而同理心恰恰是创造一切改变的关键。不管是约见用户获取第一手资料还是体验他们的文化，哪怕是当地巨慢的网速，都将让你的研究获得一种洞察产品的深刻的环境视角。

进行研究结果展示和分享时要避免过于宽泛，虽然市场级别的数据很有帮助，但不要讲得太过笼统。例如，你不能只基于几个访谈就说每个日本人在预订酒店的一间房间时都必须填满所有入住人的姓名。在全球化研究中，创造性的分享方式尤其重要，因为你不仅是在分享产品的相关内容，更是在通过当地的人和生活环境帮助团队建立同理心。

虽然分享了很多建议，但当真到了做全球化研究时，只有计划还远远不够。哪怕你储备了大量的经验和眼界，也无法充分地准备好，但这也正是乐趣的所在。每段旅程都有意想不到的挑战和启示，甚至你会在自己都不知道的地方做出令自己感到惊奇的事。

尽管过程中可能会出现一些瓶颈和失误，但有时候正是因为这些意外，你会在全球化研究中留下最珍贵的回忆。你接触了那些与你看起来截然不同的人，却发现你们如此相似；你现在对产品的了解远远超过了你只待在公司的时候；然后你设计出了伟大的产品，它能跨越遥远的距离，把你和用户联系到一起。

8.5　产品设计

伟大的产品从来都不是突然出现在众人眼前的。事实上，他们都是在人们长期、繁杂的探索过程中诞生的，最终成长为伟大的产品。这些产品都拥有易用性、美观性、良好的操作体验并且能够为用户带来实际的价值。

有大量的产品在探索过程中或者刚刚诞生不久就失败了，这些产品失败的原因有可能是因为其无法为用户带来实际的价值，或者是无法提高用户黏性，也可能是因为用户数量的增长较慢。只有少数的产品会真正地走向市场，并得到主流市场的关注，为用户提供前人没有的问题解决方案，甚至直接改变用户习惯。这种产品是众所周知的产品，这才是我们想要做的产品。

理想化的产品开发战略周期首先是探索阶段，即解决问题的阶段；然后是测试阶段，即产品市场化；最后是成长阶段，即用户转化为客户。

创造成功的产品意味着我们需要先将注意力集中在这几个关键阶段，比如发现用户的真实需求（是值得被解决的），这是探索阶段；然后分析解决方案有多大的市场，这是产品尝试阶段；最后是产品布局和投放，这是产品成长阶段；我们想要创造出的不仅仅是用户关心的产品，更是在资金和技术上可实行的产品。

新品牌的诞生通常来源于新的商机，为了甄别并深入地了解市场中存在的商机，需要先明确几个最基本的问题：为什么我们要做这个产品？当前的产品面临怎样的市场？我们需要改变什么？我们期望产品能带来什么效果？我们会受到什么约束？

举个例子：当美国的自行车业务持续下降时，IDEO 与 Shimano（一家日本的单车组装厂商）合作，为了试图了解其原因，他们开始尝试分析为什么 90%的美国人不再喜欢骑单车，即便是一些从小就喜欢骑行的人也是如此。通过对一些美国成年人进行采访，项目组发现他们不再买单车的原因主要有：当时的单车性价比低，他们只会在周末长时间地骑行；当时的道路并不适合骑行。唯一的机会就是根据这些用户痛点进行设计上的改变，而不是一味地设计高级的零部件。

在问题处理阶段，一旦我们真正了解到商机的所在，就需要在探索阶段发现真正的问题解决方案以及我们需要做什么。当务之急便是找到用户的关键痛点并给出处理方案，同时确保产品有愉悦的用户体验，使他们频繁使用。在这一阶段，探索如何解决问题的中心就是用户本身。所以，不要做那些用户不想用的东西，要为用户需求做产品，而不是为产品找用户。

为了确保项目的产出能够带来预期的反响，我们需要找准目标用户，他们是项目中最重要的变量。我们需要换位思考，站在用户的角度思考问题能够帮助我们明白用户的需求并做出结论，而不是一味地做假设。

寻找值得优先处理的问题和寻找用户群中存在的问题是用户调研取得成功的关键。理解用户的反馈并观察其规律，了解他们当前的体验、痛点、收获、需求、期望和正在尝试做的事情，由此发现产品存在的问题。如果我们发现了一个从未预料到的问题，那么我们必须足够重视它。在理想状态下，产品将为用户的生活带来革新性的影响，而这种影响反过来也算是一种项目的产出。

重视未预料到的问题有助于认清产品需要解决的问题，关于我们为什么要做这款产品的疑问也会随之解决，这也定义了产品的愿景。抓住了用户痛点等同于抓住了商机，而要想验证产品是否真正在为目标用户解决问题，我们需要通过适当的方法验证用户的真实需求。

探索一个合适的解决方案意味着制订了一个问题的解决策略。基于对用户的观察和对问题解决的可能性的假设，求出最接近的解决方案。在对方案进行验证的同时，关于用户对产品的兴趣点也要被察觉到。我们必须在用户的反馈中汲取任何关于产品对用户有价值的改动，这对产品的升级和版本迭代都有帮助。

我们需要创造有价值的产品，这就需要把产品投放到市场中以获取真实的用户数据，因为有时候用户所说的东西其实并不是他们真正想要或者真正会买的东西。

在产品市场化探索阶段，我们需要确定用户是否会经常使用我们的产品。市场调研的目的就是确定一个最简单的可行方案，重复测试、优化直到产品能够在为用户带来价值的同时也能够为我们带来经济利益。我们需要知道我们的产品是否在为正确的市场做正确的事情。

为了得出一个最简单的可行性产品，我们需要在市场中迅速获取早期用户，同时提供最核心的功能和最优的用户体验并保证留存，确定真实使用并且愿意买单的用户数量,一个正确的产品市场调研能够保证你的产品立足于市场并获得变现。在产品的最初版本,产品的核心体验必须得到扩展和迭代,直到它具有非常好的用户体验。产品的关键功能、交互和UI都必须不断优化和提升。

但是,仅仅提出最简单的可行方案是不够的,我们还需要用户使用产品。为了能让用户使用我们的产品,我们需要了解用户是通过什么途径了解到我们的产品的,并帮助用户排除在获取产品过程中遇到的障碍,比如人们是怎么知道我们的产品的?他们是如何使用我们的产品的?我们应该如何消除他们在使用上的障碍?想法是很廉价的,重在执行。

通过评估已经发布新版本的产品,分析是否能够改变关键指标,从而判断我们的产品能否达到商业计划的目标。我们要寻找证据证明产品在改变用户习惯上真的有效,让用户长期使用产品,并且让他们愿意买单。毕竟,从长远考虑,我们需要确定一个可行的商业模式。当我们的产品得到一定量级的市场需求的时候,我们就需要在目标用户群体的基础上扩展用户数量。

用户转变是变现阶段的契机。一旦我们找到了产品与市场的契合点,我们就需要把注意力集中到如何布局和变现的问题上。因此,关键目标就是成功地模块化产品以便使其可持续的快速增长,我们不仅要让用户增长,还要让用户愿意买单。我们需要吸引一大波新的用户,提升他们的黏性并使之转化为付费用户,因此我们要专注于大众市场。

为了吸引新用户,我们需要专注于推广、普及和营销。我们应该如何吸引这些人呢?我们应该如何吸引这些人使用我们的产品呢?我们应该如何将他们转化为我们的忠实用户呢?我们应该如何卖出我们的产品呢?我们要试图在用户从首次发现我们的产品到成为我们的忠实用户这个阶段建立一个模拟场景。

最好的市场营销不是靠做广告,而是靠优秀的设计和卓越的产品。为了吸引更多的新用户,我们不能等着用户自己来,而是要用更多的方式吸引不知道我们的人。如果我们的方法得当,那么我们需要优先将产品的价值传达给用户,并向他们强调为什么能够从我们的产品中受益,目标是将他们转化为我们的忠实用户,并愿意为产品买单。因此,我们必须认清究竟是什么阻碍了用户使用我们的产品,并消除这些阻碍。

当需求朝着原先布局的方向发展时,新的用户群便开始使用产品,会出现大量新的用户案例,掌控这些新的用户群是这个阶段最大的挑战。我们该如何面对他们的需求?在这个阶段,我们需要关注产品的设计是否受用于所有的用户,而不仅仅是早期的使用者。当我们想快速成长的时候,为更多样的用户群体开发新的功能是保持用户持续增长的最容易的方式。

打造一个成功的产品是很有挑战性的，大部分的产品会失败，但是如果我们能够专注于产品解决、市场化和用户转化，那么我们就能够最大程度地降低没有人使用我们的产品、选错市场或者无法维持用户增长的风险。一个产品的探索和设计过程需要在以用户为中心的前提下开展才能做得独特，这可能很困难，但并不是没有可能。

参考文献

[1] 蒂姆·布朗. IDEO,设计改变一切[M]. 侯婷,译. 沈阳：万卷出版公司,2011.

[2] 慈思远. 集创思维设计矩阵[M]. 北京：中国工信出版集团,2017.

[3] Susan Weinschenk. 设计师要懂心理学[M]. 徐佳,马迪,余盈亿,译. 北京：人民邮电出版社,2013.

[4] Jakob Nielsen,Raluca Budiu. 贴心设计[M]. 牛化成,译. 北京：人民邮电出版社,2013.

[5] 布托. 用户界面设计指南[M]. 陈大炜,译. 北京：机械工业出版社,2008.

[6] UXRen 社区. 什么是客户体验地图[EB/OL]. http://www.uxren.cn.

[7] 闫荣. 神一样的产品经理[M]. 北京：电子工业出版社,2012.

[8] 诺曼. 设计心理学[M]. 梅琼,译. 北京：中信出版社,2003.

[9] Giles Colborne. 简约至上：交互式设计四策略[M]. 李松峰,秦绪文,译. 北京：人民邮电出版社,2011.

[10] 库伯,等. AboutFace 3 交互设计精髓[M]. 刘松涛,等译. 北京：电子工业出版社,2008.

参考文献